Glossaire de la terminologie acarologique
Vol. II: Opilioacarida

Glossaire de la terminologie acarologique (Glossary of acarological terminology)

publié sous la direction de

L. van der Hammen

Vol. II

Opilioacarida

par

L. van der Hammen

Rijksmuseum van Natuurlijke Historie, Leiden

DR. W. JUNK B.V. – PUBLISHERS – THE HAGUE 1976

ISBN-13:978-90-6193-983-2 e-ISBN-13:978-94-010-1584-4
DOI: 10.1007/978-94-010-1584-4

Cover design: Max Velthuijs

À la mémoire de
Monsieur François Grandjean,
membre de l'Institut,
fondateur de l'acarologie moderne,
décédé à Genève le 22 janvier 1975,
dans sa 93e année.

Publié avec le concours de l'Organisation Néerlandaise pour le Développement de la Recherche Scientifique (Z.W.O.).

TABLE DES MATIÈRES

INTRODUCTION

Dans son important travail sur *Opilioacarus segmentatus* With, Grandjean (1936) remarquait que la terminologie joue un rôle capital dans le développement des sciences, et que la rendre précise et uniforme dans la classe des Arachnides serait un très grand progrès. En novembre 1967, quand on parlait chez lui, à Genève, de la possibilité d'organiser des réunions d'acarologues de langue française, Grandjean lui-même nous suggérait de profiter de ces contacts pour jeter les bases d'un glossaire de la terminologie acarologique; un tel glossaire pourrait contribuer à l'usage et à la propagation d'une terminologie plus générale. La Société des Acarologues de Langue Française (fondée en 1968) créa à cet effet une commission (dont j'étais le responsable), et la préparation de plusieurs parties de ce glossaire (la partie générale et la partie sur les Opilioacarides, entre autres) me furent confiées. Le présent travail, complet en soi-même, constitue une des parties de ce glossaire (suivant le projet général il y aura une partie générale et huit parties spéciales, une pour chaque ordre des Acariens).

L'acarologie, comme les autres sciences, a développé une langue propre, d'abord assez lentement, puis plus rapidement. Au commencement de notre siècle, quand le type de l'acarologue universel disparaissait, et faisait place aux spécialistes de groupes plus restreints, on commençait à développer une terminologie propre à chaque groupe d'Acariens. À cet égard, cependant, l'histoire de la terminologie opilioacarologique est un peu différente de celle de la terminologie des autres groupes d'Acariens.

On peut dire que la terminologie relative aux Opilioacarides a été développée surtout par des chercheurs qui avaient rencontré ces Acariens par hasard, et qui apportèrent la terminologie de leur spécialisation particulière (plusieurs groupes d'Acariens et d'autres Arachnides). Aussi il n'y a pas lieu de s'étonner de la diversité de la terminologie, et du nombre relativement grand de termes synonymes, malgré les quelques publications. Le présent glossaire comprend 350 entrées, la liste des synonymes plus de 200 termes.

L'histoire de la terminologie opilioacarologique commence assez tard, en 1903, avec la publication des études de l'arachnologue danois With. En soixante-dix ans, une dizaine d'auteurs avec une quinzaine de publications ont contribué à cette terminologie. L'étude classique de Grandjean (1936), mentionnée ci-dessus, constitue une des principales étapes de ce développement.

En général le but d'un glossaire est double: rassembler des informations et tendre à la standardisation de la terminologie. Récemment (van der Hammen, 1974a), j'ai consacré un article spécial à la composition d'un glossaire acarologique. Il s'agit dans le cas d'un glossaire acarologique d'un travail de longue durée qui commence par l'étude détaillée de la morphologie, et la compilation des termes. Il va de soi que les préférences personnelles se manifestent dans le choix de ces termes, surtout quand il s'agit des domaines qui touchent à l'étude des Opilioacarides, des techniques, des conventions, de la terminologie relative à la phanérotaxie et aux phénomènes ontophylogénétiques, etc. Dans tous les cas la base du travail a été constituée par les œuvres de Grandjean.

Beaucoup de confusions trouvent leur origine dans les définitions trop vagues, et souvent la solution de difficultés terminologiques est étroitement liée à la précision des définitions. A côté de cela, le travail du glossaire amena, de temps à autre, la découverte de lacunes dans la terminologie; dans ces cas se présenta la nécessité de créer des termes nouveaux. La forme définitive du présent glossaire résulte de plusieurs courants d'activités, notamment les observations personnelles, une rédaction scrupuleuse des définitions, les considérations linguistiques, etc.

Chaque entrée du glossaire est suivie, si possible, de l'abréviation recommandée, la référence aux illustrations ou aux tableaux, les données linguistiques (le genre par exemple), la définition, les synonymes, les antonymes, les mots de sens voisin, les références à la littérature, et la traduction du terme en anglais et en allemand. Dans certains cas la seule information nécessaire consiste en une référence à la littérature; c'est par exemple le cas des mots comme 'bibliographie', 'catalogue des espèces', 'clef de détermination', etc. Quelquefois une entrée comporte plus d'un mot: c'est le cas des expressions comme 'faire le mort', etc.

Plusieurs annexes faciliteront la consultation: une liste alphabétique des termes synonymes; un index des notations, abréviations, lettres grecques et signes symboliques; une liste des notations différentes de la littérature opilioacarologique; des listes alphabétiques des terminologies anglaise et allemande; une bibliographie; et des tableaux, des figures et des planches. J'ai inséré des recommandations pour l'orientation des figures, ainsi que pour une standardisation des mensurations.

J'ai indiqué les termes nouveaux (et les traductions nouvelles), mentionnés ici pour la première fois, par un astérisque (*), placé avant l'entrée (ou la traduction). Certains détails morphologiques d'importance secondaires ne se trouvent que dans une figure et dans l'index des notations. Les traductions ont été faites d'une manière scrupuleuse; on peut les considérer comme des traductions standard. Les planches 3–5 contiennent les photographies des opilioacarologues; je regrette l'absence de Ralph V. Chamberlin et Stanley Mulaik, importants opilioacarologues, dont je n'ai pas réussi à obtenir un portrait.

La publication du glossaire de la terminologie opilioacarologique précède celle du glossaire général. Cela n'a aucun inconvénient, puisque le présent travail constitue une publication indépendante. Le glossaire en question a, au contraire, une certaine utilité plus générale, par exemple en ce qui concerne les termes généraux et les traductions. On peut considérer en même temps le présent glossaire comme un modèle pour les glossaires suivants.

Chaque vocabulaire n'est qu'une étape d'un développement. Le présent travail réunit, le mieux possible, l'information opilioacarologique d'aujourd'hui. En fait il faudrait recommencer l'étude des Opilioacarides à l'aide du présent travail. Ce sera cependant la tâche de la génération suivante. Ce livre contient les éléments de la langue qui formulera les découvertes de demain.

Le glossaire n'aurait pu atteindre son présent état de perfection sans l'assistance de plusieurs collaborateurs. Mes collègues français, le Docteur J. Travé et le Docteur Y. Coineau, tous les deux du Laboratoire Arago à Banyuls-sur-Mer, le Professeur R. Legendre de l'Université des Sciences et Techniques du Languedoc à Montpellier, et Monsieur M.-H. Naudo du Muséum national d'Histoire naturelle à Paris, ont tous bien voulu relire, compléter et corriger le manuscrit de ce travail. Le Docteur E. Piffl de l'Université de Vienne, Monsieur D. Macfarlane du Commonwealth Institute of Entomology, British Museum (Natural History) à Londres, et le Docteur J. A. Wallwork de l'Université de Londres, ont bien voulu assumer la tâche difficile de la correction de mes traductions allemandes et anglaises; il faut admettre que, dans quelques cas exceptionnels, la traduction qu'on trouve ici, diffère de leur avis. Madame Nina Bregetova de l'Académie des Sciences de Leningrad a bien voulu me procurer la référence de la nécrologie (avec portrait) de Redikorzev. Qu'ils veuillent tous bien trouver ici l'expression de ma profonde reconnaissance.

INTRODUCTION

In his outstanding study of *Opilioacarus segmentatus* With, Grandjean (1936) remarked that terminology plays an important part in the development of science, and that rendering it precise and uniform within the class Arachnida would be an important advancement. When, in November 1967, at his home in Geneva, we discussed the possibility of organising meetings of French-speaking acarologists, Grandjean himself suggested to take advantage of these contacts to lay the foundation for a glossary of acarological terminology; such a glossary could contribute to the usage and the propagation of a more general terminology. The Society of French-speaking acarologists (founded in 1968) set up a committee to that purpose (of which I was the chairman), and the preparation of several parts of the glossary (among which the general volume and the volume on Opilioacarida) were committed to my charge. The present work, complete in itself, constitutes one of the parts of this glossary (according to the general scheme, there will be a general part followed by eight special parts, one for each order of mites).

Just as other sciences, acarology has developed its own language, slowly at first, more rapidly afterwards. At the beginning of the present century, when the all-round acarologist was replaced by specialists of smaller taxa, a special terminology was introduced for each group of mites. In this respect, however, the history of opilioacarological terminology is slightly different from that of the terminology of other groups of mites.

It appears that terminology with reference to Opilioacarida has been developed especially by arachnologists (including acarologists) who were specialists in other groups and only as a sideline studied this small group of primitive mites. They introduced the terminology of their own particular specialisation (several groups of mites and other groups of Arachnidea). This accounts for the diversity of the terminology, and the relatively great number of synonyms, notwithstanding the small number of publications. The present glossary comprizes some 350 entries, the list of synonyms consists of more than 200 terms.

The history of opilioacarological terminology starts late, in 1903, with the publication of the studies by the Danish arachnologist With. In the course of seventy years, some ten authors, with some fifteen papers have contributed to that terminology. The classical study by Grandjean (1936) mentioned above, constitutes one of the principal stages of that development.

Generally, the purpose of a glossary is double: collecting information, and making an attempt at standardisation of terminology. Recently (Van der Hammen, 1974a), I have devoted a special paper to the composition of an acarological glossary. It concerns a time-consuming work, starting with a detailed study of morphology and the compilation of terms. It goes without saying that personal preferences will appear from the choice of terms, especially when it concerns fields touching the study of Opilioacarida, techniques, conventions, terminology with reference to phanerotaxy and to ontophylogenetic phenomena, etc. In all these cases the base of the study is found in the works of Grandjean.

Much confusion originates from definitions that are too vague, and often solution of terminological difficulties is closely connected with accurately defining; besides, working at a glossary leads, from time to time, to the discovery of gaps in the terminology; in these cases the necessity arises to create new terms. The definitive shape of the present glossary is the result of several activities, notably personal observations, scrupulous wording of definitions, linguistic considerations, etc.

Each entry of the glossary is followed, if possible, by the recommended abbreviation, the reference to illustrations or tables, linguistic data (gender, for instance), the definition, synonyms, antonyms, terms of related sense, references to literature, and the translation of the term into English and German. In certain cases the only necessary information consists of a reference to literature; this is, for example, the case with entries like 'bibliography', 'catalogue of the species', 'key', etc. Sometimes an entry consists of more than one word; this is the case with expressions like 'to sham death', etc.

Several appendices will facilitate consultation: an alphabetic list of synonymic terms; an index of the notations, abbreviations, Greek letters, and symbolic signs; a list of different notations from opilioacarological literature; alphabetic lists of English and German terminologies; a bibliography; and tables, figures and plates. I have included recommendations for the orientation of figures, as well as for the standardisation of measurements.

New terms (and new translations), i.e. those mentioned here for the first time, are marked by an asterisk (*), placed before the entry (or the translation). Certain morphological details of secondary importance are found only in a figure and in the index to notations. The translations have been prepared in a scrupulous way; they can be regarded as standard translations. Plates 3–5 contain photographs of opilioacarologists; I regret the absence of Ralph V. Chamberlin and Stanley Mulaik, important opilioacarologists, of which I have not succeeded to obtain a portrait.

The publication of the glossary of opilioacarological terminology precedes that of the general glossary. This does not present any inconvenience, because the present work constitutes an independent publication. The opilioacarological glossary has, on the contrary, a certain more general use, for example as to the general terms and the translations. At the same time the present glossary can be regarded as a model for subsequent glossaries.

Every vocabulary is only a stage of a development. The present work brings together, as much as possible, the opilioacarological information of to-day. In fact it would be necessary to recommence the study of Opilioacarida with the aid of the present work. This, however, will be the task of the following generations. The present book contains the elements of the language which will formulate the discoveries of to-morrow.

The glossary would not have attained its present state of perfection without the assistance of several collaborators. My French colleagues, Dr. J. Travé and Dr. Y. Coineau, both of the Laboratoire Arago at Banyuls-sur-Mer, Prof. R. Legendre, Université des Sciences et Techniques du Languedoc, at Montpellier, and Mr. M.-H. Naudo of the Muséum national d'Histoire naturelle at Paris, have all been so kind as to re-read, complete and correct the manuscript of this work. Dr. E. Piffl of the University of Vienna, Mr. D. Macfarlane of the Commonwealth Institute of Entomology, British Museum (Natural History), London, and Dr. J. A. Wallwork of the University of London, have kindly accepted the difficult task of correcting my German and English translations; it must be admitted that, in a few exceptional cases, the translation found here is different from their advice. Dr. Nina Bregetova, of the Academy of Sciences in Leningrad, has kindly procured me with the reference to the necrology (with portrait) of Redikorzev. I hope they will all find here the expression of my profound gratitude.

TABLEAU DES ABRÉVIATIONS DU GLOSSAIRE

adj., adjectif.
Contr., contraire (antonyme).
D., allemand.
E., anglais.
fig(s)., figure(s) (référence à l'annexe 7).
n.f., nom féminin.
n.f.pl., nom féminin pluriel.
n.m., nom masculin.
n.m.pl., nom masculin pluriel.
n.n., nom neutre.
n.n.pl., nom neutre pluriel.
pl., pluriel.
pl(s), suivi d'un numéro, planche(s) (référence à l'annexe 7).
Réf., référence(s).
Syn., synonyme(s).
tabl., tableau (référence à l'annexe 7).
V., voir (signale des termes qui ont un certain rapport avec le terme traité).
*, placé avant le terme (ou la traduction), signifie qu'il s'agit d'un terme nouveau (ou d'une traduction nouvelle).
*, placé avant l'auteur ou la date se rapporte au premier emploi du terme (un astérisque employé dans une notation ou dans une formule a une signification différente).

N.B. Sous chaque entrée du glossaire, les synonymes sont rangés dans l'ordre alphabétique, tandis que les références sont rangées dans l'ordre chronologique (suivant la première publication citée de chaque auteur).

A

Abjugal (*fig.* 7: *abj*), *adj.* Qualifie le sillon ou la limite qui sépare l'aspidosoma (le prodorsum) du podosoma. En arrière, ce sillon prolonge le sillon disjugal; en avant, il n'atteint pas la région rostrale. ***V.*** disjugal, sillon abjugal. ***Syn.*** prodorsal (van der Hammen, 1966). ***Réf.*** van der Hammen, 1966: 10, 74, *fig.* 3; *Grandjean, 1970: 820, *fig.* ***E.*** abjugal; ***D.*** abjugal.

Abréviations (annexes 2, 3), *n.f.pl.* ***V.*** désignation, lettres grecques, notation, signes symboliques. ***Réf.*** van der Hammen, 1966: 76–77; 1968a: 74; 1969a: 130. ***E***, abbreviations; ***D.*** Abkürzungen, *n.f.pl.*

Acétabulum, *pl.* **acetabula** (*ac.P*, *ac. I–IV*), *n.m.* Cavité basilaire servant à l'articulation d'un appendice avec le corps. Chez les Opilioacarides, un acétabulum entoure la partie basale du trochanter palpien et la partie basale du coxa des pattes; dans le dernier cas l'articulation est acondylienne. ***Réf.*** Grandjean, 1936: 430; van der Hammen, 1966: 34. ***E.*** acetabulum; ***D.*** Acetabulum, *n.n.*

Acondylien, *adj.* Qualifie une articulation (eudesmatique ou adesmatique) sans condyles. ***V.*** articulation acondylienne. ***Réf.*** Couzijn, 1974: 382. *E.* acondylar; *D.* acondyl.

Acrotarse (*tabl.* 3, *figs.* 27–28; *ATA*), *n.m.* Article adesmatique qui se forme au cours du développement postembryonnaire par une subdivision subterminale des tarses II–IV; le niveau de base est deutonymphal (acrotarse IV) ou tritonymphal (acrotarse II, III). L'acrotarse est situé entre le télotarse et le prétarse; l'articulation adesmatique avec le premier est constituée d'une scissure complète (la scissure télotarsale) qui ne passe par aucune lyrifissure; l'articulation avec le dernier est constituée d'une paire de pièces chitineuses internes dans le prétarse et une paire de condyles. ***V.*** article adesmatique, articulation adesmatique, pattes, scissure télotarsale, tarse. ***Syn.*** distal piece of tarsus [II–IV] (With, 1903a), division postérieure du télotarse [II–IV] (Grandjean, 1936), tarse [II–IV] p.p. (Naudo, 1963), tarsus [II–IV] p.p. (Chamberlin & Mulaik, 1942), Telotarsus [II–IV] (Vitzthum, 1940). ***Réf.*** *van der Hammen, 1966: 35, 56, 70. ***E.*** acrotarsus; ***D.*** Acrotarsus, *n.m.*

Actinopiline, *n.f.* Matière axiale, anisotrope des poils des Actinotrichida, à forte biréfringence, optiquement uniaxe, négative, optiquement hétérogène, à structure rayonnée. Dans une section transversale du poil, l'axe optique est partout un rayon du cercle de section. L'actinopiline est iodophile et insoluble dans l'eau de Javel. Bien que les poils à l'extrémité des pattes II–IV des Opilioacarida, ainsi que les ongles et le rutellum soient biréfringents, il ne semble pas qu'il s'aggisse d'actinopiline; on n'obtient pas de coloration sélective avec l'iode, et la biréfringence est médiocre. ***V.*** biréfringence. ***Syn.*** actinochitin (van der Hammen, 1961), actinochitine (Grandjean, 1936). ***Réf.*** Grandjean, 1936: 437; 1970: 800, 807; van der Hammen, 1961: 174–175; 1966: 47, 65–66. ***E.*** actinopilin; ***D.*** Actinopilin, *n.n.*

Adélonymie, *n.f.* Incapacité pour un organe de recevoir une désignation qui ne soit pas collective et qui permettrait de le reconnaître parmi ses homotypes, soit au cours du développement ontogénétique, soit d'un taxon à un autre, dans un groupe naturel. Dans le cas des poils adélonymiques des Opilioacarides, il y a deux hypothèses concernant leur évolution: celle de la néotrichie et celle de la primordiotrichie. ***V.*** atactotrichie, néotrichie, primordiotrichie. ***Contr.*** idionymie. ***Réf.*** van der Hammen, *1975: 380; 1976 (sous presse). ***E.*** adelonymy; ***D.*** Adelonymie, *n.f.*

Adesmatique, *adj.* Se dit d'articles d'un appendice, ou d'articulations entre deux articles d'un appendice, sans tendons propres. ***V.*** article adesmatique, articulation adesmatique. ***Syn.*** secondaire (van der Hammen, 1970a), secondary (van der Hammen, 1966). ***Contr.*** eudesmatique. ***Réf.*** *Couzijn, 1974: 381. ***E.*** adesmatic; ***D.*** adesmatisch.

Adulte (*figs.* 3B, 4D, E; *Ad* dans une notation ontogénétique; *ad.* dans une énumération de matériel), *n.m.* Dernière stase du développement postembryonnaire (seule stase de la phase adulte), caractérisée par le complet développement des organes sexuels primaires et secondaires (chez la femelle il y a un ovipositeur). En outre, l'adulte est caractérisé par la présence de quatre paires de stigmates (dont les niveaux de base sont proto-, deuto- et tritonymphaux), deux trochanters aux pattes III et IV (le niveau de base du trochanter 2 est tritonymphal), et un acrotarse aux pattes II–IV (dont le niveau de base est deutonymphal ou tritonymphal); chez beaucoup d'espèces le tibia I des adultes est divisé en deux par une articulation secondaire (dont le niveau de base est probablement tritonymphal). Dans la plupart des espèces, le trochanter chélicérien de l'adulte présente un poil (niveau de base: tritonymphal ou adulte). Par rapport aux stases immatures, l'adulte a un nombre plus ou moins caractéristique de poils sur les verrues sternales et dans la région prégénitale et génitale. ***V.*** cycle vital, développement postembryonnaire, dimorphisme sexuel, femelle, mâle. ***Contr.*** immature. ***Réf.*** van der Hammen, 1969a: 126–127, *fig.* 3D, E; Coineau & van der Hammen, 1976 (sous presse). ***E.*** adult; ***D.*** Adultus, *n.m.*

Alimentation, *n.f.* Manière de se nourrir. Se basant sur les restes qu'on trouve dans l'intestin, on peut caractériser les Opilioacarides comme carnassiers et pollinivores (peut-être se contentent-ils de proies mortes ou même de fragments). Il est probable que leur rutellum, et peut-être aussi l'organe de With, sert de racloir (le rôle du rutellum serait de racler la face antiaxiale de la chélicère), car dans le tube digestif on trouve des restes solides, fragmentés, d'aliments ingérés. Apparemment les Opilioacarides ne sont pas des animaux à digestion externe. ***V.*** carnassier, ingestion, manducation, nourriture, organe de With, pollinivore, rutellum. ***Réf.*** Grandjean, 1936: 421–422; 1957: 273; Vitzthum, 1941: 524; Kaestner, 1956: 634; van der Hammen, 1966: 7–8; Krantz, 1971: 62. ***E.*** feeding, alimentation; ***D.*** Nahrung, *n.f.*

Ambulacre (*fig.* 31; *AM*), *n.m.* Partie terminale d'une patte, en contact régulier avec le substrat. L'ambulacre de la patte I est simple (il est formé par l'apotèle et un petit pulvillus), tandis que l'ambulacre des pattes II–IV est composé (il présente en outre un prétarse, tandis que le pulvillus est grand). ***V.*** apotèle, ongle, prétarse, pulvillus. ***Réf.*** With, 1903a: 156; Grandjean, 1936: 432, 439; van der Hammen, 1966: 38, *figs*, 15–18, 21. ***E.*** ambulacrum; ***D.*** Ambulacrum, *n.n.*

Anarthrie (*figs.* 15, 16), *n.f.* Absence d'articulation labiogénale (c'est-à-dire d'articulation entre le menton et les genae); la face ventrale de l'infracapitulum est d'un seul tenant. ***V.*** gena, menton. ***Réf.*** van der Hammen, 1966: 25, 70. ***E.*** anarthry; ***D.*** Anarthrie, *n.f.*

Anatomie, *n.f.* ***E.*** anatomy; ***D.*** Anatomie, *n.f.*

Anatomie interne. ***Réf.*** With, 1903a: 156–170; Grandjean, 1936: 420, 425, 436, 441; Hughes, 1959: 113, 163, 164, 165, 191; van der Hammen, 1966: 7, 12, 14–16, 17, 19, 21, 30–32, 52, *figs.* 4F, 5; 1968a: 64, *fig.* 2; Coineau & Legendre, 1976 (en préparation). ***E.*** internal anatomy; ***D.*** innere Anatomie.

Anneau, *n.m.* ***E.*** ring; ***D.*** Ring, *n.m.*

Anneau basifémoral (*figs.* 24A, 26–28, 29C). Endroit de la cuticule du fémur des pattes, à la place de l'articulation adesmatique, qui sépare plus ou moins complètement le basi- du télofémur. L'anneau basifémoral de la patte I est constitué d'une suture complète, plusieurs lyrifissures antiaxiales (ou une lyrifissure antiaxiale composée) et quelques lyrifissures paraxiales. L'anneau basifémoral des pattes II–IV est incomplet (il n'y a pas de suture); il est constitué de deux grandes lyrifissures (*if′* et *if″*). ***V.*** scissure. ***Réf.*** van der Hammen, 1966: 36, 56, 57, *figs.* 15A, 17, 18, 19C; 1968a: *fig.* 4. ***E.*** basifemoral ring; ***D.*** basifemoraler Ring.

Antiaxial (α), *adj.* Qualifie la face d'un appendice pair (des deux faces separées par le plan de pseudosymétrie), qui est opposée au plan de symétrie de l'animal. Il faut supposer que les pattes I et II sont dirigées en avant, et les pattes III et IV en arrière. Un organe superficiel d'un appendice est antiaxial s'il est implanté sur la face antiaxiale de cet appendice. C'est la définition absolue du terme. Le mot antiaxial a cependant aussi un sens relatif. On le rapporte sur le corps au plan de symétrie de l'animal, et aux appendices au plan de pseudosymétrie de l'appendice. ***V.*** prime, seconde. ***Contr.*** paraxial. ***E.*** antiaxial; ***D.*** antiaxial.

Anus (*figs.* 6, 8). *n.m.* Ouverture externe de l'intestin postérieur (du rectum). L'anus est terminal, et se trouve dans le tubercule anal (le segment XIX). Il est fermé par les deux volets anaux. ***V.*** ouverture anale, tubercule anal, volets anaux. ***Réf.*** With, 1903a: 162; van der Hammen, 1966: 17, 70, *figs.* 2, 3; 1969a: 115–119, *fig.* 2; Grandjean, 1970: 805. ***E.*** anus; ***D.*** Anus, *n.m.*

Apodème, *n.m.* ***E.*** apodeme; ***D.*** Apodem, *n.n.*

Apodème capitulaire (*fig.* 19: *ap. c*). Apodème qui sépare, à l'intérieur, le cadre chélicérien de l'infracapitulum. Il consiste en une lame sclérotisée, interne, qui prolonge le cervix, et qui sert à l'attache de muscles. Le bord postérieur est légèrement échancré au milieu. ***V.*** cadre chélicérien, cervix, infracapitulum. ***Réf.*** van der Hammen, 1966: 29, 71, *figs.* 9, 10. ***E.*** capitular apodeme; ***D.*** capituläres Apodem.

Apophyse, *n.f.* ***E.*** apophysis; ***D.*** Apophyse, *n.f.*

Apophyse dorsale du trochanter (*figs.* 27, 28: *ATR.II*, *ATR.III*). Grande apophyse en forme de cuillère, assez épaisse, de la surface dorsale du trochanter II et du trochanter 1 III. Les deux apophyses sont peut-être associées aux lobes suprapédieux TL_2 et TL_3 de la région latérale du podosoma. ***V.*** lobe suprapédieux. ***Réf.*** Chamberlin & Mulaik, 1942: 128, *pl.* 2 *fig.* 12; van der Hammen, 1966: 43 *figs.* 17, 18. ***E.*** dorsal apophysis of the trochanter; ***D.*** dorsale Apophyse des Trochanters.

Apotèle (*tabl.* 2; *figs.* 22–28, 31; *AP*), *n.m.* Article eudesmatique terminal des appendices, qui, en principe, présente deux tendons (t_s et t_i) et deux points d'articulation. L'apotèle des chélicères est le mors mobile. L'apotèle du palpe et des pattes est bidactyle: il présente deux ongles. L'apotèle palpien des Opilioacarides a gardé sa position terminale. ***V.*** bidactyle, chélicère, palpe, pattes. ***Syn.*** article terminal primitif (Grandjean, 1947), articulus tertius [chelicerae] (Silvestri, 1905), pretarsus (Snodgrass, 1948; Camin, Clark & Gorirossi Bourdeau, 1958), Tarsus [der Mandibulae] (Vitzthum, 1931). ***Réf.*** Grandjean, 1947: 310n; 1970: 807–811; van der Hammen, 1966: 32, 34, 36, 71, *fig.* 21; 1970a: 13. ***E.*** apotele; ***D.*** Apotel, *n.n.*

Appendices, *n.m.pl.* Formations paires qui s'insèrent (au moins à l'origine) dans la région pleurale du corps. Chez les Acariens on distingue six paires d'appendices: les chélicères, les palpes et quatre paires de pattes; il y a souvent des vestiges d'appendices opisthosomatiques. ***V.*** appendices opisthosomatiques, chélicère, endite, exite, palpe, pattes. ***Réf.*** van der Hammen, 1970a: 11–15. ***E.*** appendages; ***D.*** Extremitäten, *n.f. pl.*

Appendices opisthosomatiques. Appendices vestigiaux de forme différente qu'on peut trouver chez les Chélicérates dans la région ventrale des segments VII–XIII. Chez les Opilioacarides, les seuls vestiges d'appendices opisthosomatiques sont probablement constitués par les verrues et les papilles génitales (appartenant apparemment au segment VIII). On a fait l'hypothèse que la verrue représente l'exite et la papille l'endite du même appendice. ***V.*** endite, exite, papille génitale, verrue génitale. ***Réf.*** *van der Hammen, 1976 (sous presse). ***E.*** opisthosomatic appendages; ***D.*** opisthosomatische Extremitäten.

Article, *n.m.* Partie d'un appendice, située entre deux articulations (sauf l'article terminal, qui n'a qu'une articulation basale). ***Syn.*** segment (van der Hammen, 1966, 1970a). ***Réf.*** van der Hammen, 1966: 54–57, *tab.* 1, 2; 1970a: 11–15, *fig.* 1, *tabl.* 1, 2. ***E.*** joint; ***D.*** Glied, *n.n.*

Article adesmatique (tabl. 3). Article sans tendons propres, dont les mouvements sont effectués par des tendons d'autres articles, ou sous l'influence de pression hydrostatique. ***Syn.*** false segment (Chamberlin & Mulaik, 1942), secondary segment (van der Hammen, 1966), segment secondaire (van der Hammen, 1970). ***Contr.*** article eudesmatique. ***Réf.*** van der Hammen, 1966: 36–38, 54–57, *tabl.* 2; 1970a: 11–15, *tabl.* 1; *Couzijn, 1974: 381. ***E.*** adesmatic joint; ***D.*** adesmatisches Glied.

Article eudesmatique (tabl. 2). Article qui présente, aux deux extrémités, des articulations eudesmatiques (sauf l'article terminal, qui n'a qu'une articulation basale); les mouvements principaux sont effectués par des tendons attachés à la base. ***Syn.*** primary segment (van der Hammen, 1966), segment primaire (van der Hammen, 1970a). ***Contr.*** article adesmatique. ***Réf.*** van der Hammen, 1966: 54–56, *tabl.* 1; 1970a: 11–15, *tabl.* 2; *Couzijn, 1974: 381. ***E.*** eudesmatic joint; ***D*** eudesmatisches Glied.

Articulation, *n.f.* Dispositif par lequel deux structures sont unies entre elles d'une manière permettant des mouvements. ***E.*** articulation; ***D.*** Artikulation, *n.f.*

Articulation acondylienne. Articulation sans condyles. Elle peut être eudesmatique ou adesmatique. ***Réf.*** Couzijn, 1974: 382. ***E.*** acondylar articulation; ***D.*** acondyle Artikulation.

Articulation adesmatique (*tabl.* 3, *fig.* 30B–D). Articulation entre deux subdivisions d'un article eudesmatique d'une patte, dépourvue de tendons propres; la mobilité est assurée par le tendon d'une autre articulation ou par des changements de pression hydrostatique. ***Syn.*** articulation secondaire (van der Hammen, 1970a), false articulation (Krantz, 1971), fausse articulation (Grandjean, 1936), secondary articulation (van der Hammen, 1966). ***Contr.*** articulation eudesmatique. ***Réf.*** van der Hammen 1966: 56–57, 74; 1970a: 11–12; *Couzijn, 1974: 381–382. ***E.*** adesmatic articulation; ***D.*** adesmatische Artikulation.

Articulation bicondylienne. Articulation à deux condyles. Elle peut être eudesmatique ou adesmatique. ***V.*** articulation monocondylienne. ***Réf.*** Couzijn, 1974: 382. ***E.*** bicondylar articulation; ***D.*** bicondyle Artikulation.

Articulation bidesmatique (*fig.* 29B, C). Articulation eudesmatique, dont les mouvements sont assurés par deux tendons, attachés à la base de l'article distal. ***V.*** articulation eudesmatique, articulation monodesmatique. ***Réf.*** *Couzijn, 1974: 381–382. ***E.*** bidesmatic articulation; ***D.*** bidesmatische Artikulation.

Articulation bivalente (*fig.* 29B, C)). Articulation (eudesmatique ou adesmatique) qui permet à un article de s'abaisser ainsi que de se relever. L'articulation bivalente a deux points d'articulation. Dans le cas d'une articulation bivalente eudesmatique il y a deux tendons, un tendon supérieur et un tendon inférieur; le premier est l'attache d'un muscle élévateur, le second d'un muscle abaisseur. ***Réf.*** van der Hammen, *1966: 55–57, 71: 1970a: 11. ***E.*** bivalent articulation; ***D.*** bivalente Artikulation.

Articulation eudesmatique (*fig.* 30A). Articulation entre deux articles d'un appendice (ou entre un appendice et le corps), dont les mouvements sont effectués par un ou plusieurs tendons attachés à la base de l'article distal. ***V.*** articulation monodesmatique, articulation bidesmatique. ***Syn.*** articulation primaire (van der Hammen, 1970a), primary articulation (van der Hammen, 1966). ***Contr.*** articulation adesmatique. ***Réf.*** van der Hammen, 1966: 54, 56, 74; 1970a: 11; *Couzijn, 1974: 381–382. ***E.*** eudesmatic articulation; ***D.*** eudesmatische Artikulation.

Articulation monocondylienne. Articulation (eudesmatique ou adesmatique) à un seul condyle. ***V.*** articulation bicondylienne. ***Réf.*** Couzijn, 1974: 382. ***E.*** monocondylar articulation; ***D.*** monocondyle Artikulation.

Articulation monodesmatique. Articulation eudesmatique dont les mouvements sont effectués par un seul tendon, attaché à la base de l'article distal. ***V.*** articulation bidesmatique, articulation eudesmatique. ***Réf.*** *Couzijn, 1974: 381–382. ***E.*** monodesmatic articulation; ***D.*** monodesmatische Artikulation.

Articulation monovalente. Articulation (eudesmatique ou adesmatique) ayant la possibilité de se fléchir et de s'étendre, mais pas de se relever. ***V.*** articulation bivalente. ***Réf.*** van der Hammen, *1966: 55–57, 73; 1970a: 11. ***E.*** monovalent articulation; ***D.*** monovalente Artikulation.

Articulation transversale. Articulation (eudesmatique ou adesmatique) dont les mouvements principaux s'effectuent plus ou moins dans son plan de pseudosymétrie, autour d'un axe transversal. Il y a deux types d'articulation transversale: l'articulation monovalente et l'articulation bivalente. ***V.*** articulation bivalente, articulation monovalente. ***Réf.*** *van der Hammen, 1966: 56, 75. ***E.*** transverse articulation; ***D.*** transversale Artikulation.

Aspidosoma (*fig.* 7), *n.m.* Région du corps correspondant au stéthosoma sans le podosoma. C'est une partie dorsale limitée latéralement (et incomplètement) par le sillon abjugal, et en arrière par le sillon disjugal. La surface constitue le prodorsum, L'aspidosoma n'est pas un tagma. ***V.*** prodorsum. ***Syn.*** propodosoma (p.p.) (Krantz, 1971). ***Réf.*** *Grandjean, 1970: 820. ***E.*** aspidosoma; ***D.*** Aspidosoma, *n.n.*

Astérisque (annexe 2:*), *n.m.* Signe en forme de petite étoile, auquel on attribue un sens convenu. Si, par exemple, l'indication de stase portée sur une figure par un phanère, ou par tout autre organe, est suivie d'un astérisque, l'organe est aléatoire, quique très fréquent, à cette stase, qui est celle de son apparition ontogénétique. L'astérisque seul, sans indication de stase, veut dire simplement que des absences de l'organe ont été constatées. ***V.*** convention, désignation, notation, signe symbolique. ***Réf.*** Grandjean, 1954: 183. ***E.*** asterisk; ***D.*** Sternchen, *n.n.*

Atactotrichie, *n.f.* Arrangement adélonymique des poils. L'atactotrichie comprend la primordiotrichie, et la néotrichie adélonymique. ***V.*** adélonymie, néotrichie, primordiotrichie. ***Contr.*** idiotrichie. ***Réf.*** van der Hammen, *1975: 381; 1976 (sous presse). ***E.*** atactotrichy: ***D.*** Atactotrichie, *n.f.*

Autotomie (*figs.* 24B, 29A), *n.f.* Amputation (d'une patte) par l'animal lui-même, pour se libérer d'une étreinte. L'articulation d'autotomie est entre le coxa et le trochanter (ou le trochanter 1). Le bord proximal du trochanter ou du trochanter 1 (des pattes I et IV) constitue une collerette, c'est-à-dire un rétrotectum avec limbe, qui recouvre et protège la membrane arthrodiale. ***V.*** crispin. ***Réf.*** Grandjean, 1936: 420; Vitzthum, 1942: 715; van der Hammen, 1966: 35. ***E.*** autotomy; ***D.*** Autotomie, *n.f.*

B

Basifémur (*tabl.* 3, *figs.* 24A, 26–28, 29C; *BF*), *n.m.* Subdivision proximale, adesmatique des fémurs I–IV, séparée du télofémur par l'anneau basifémoral. Dans le cas de la patte I, l'anneau est constitué par une suture et plusieurs lyrifissures (ou lyrifissures composites). Dans le cas des pattes II–IV l'anneau est incomplet; il est constitué uniquement de deux grandes lyrifissures (*if'* et *if''*). ***V.*** anneau basifémoral, fémur, télofémur. ***Syn.*** basal part of femur, proximal piece of femur (With, 1903a), false segment at base of femur, proximal segment to femur(?) (Chamberlin & Mulaik, 1942). ***Réf.*** van der Hammen, 1966: 36, 56–57, 71; 1970a:

12. ***E.*** basifemur; ***D.*** Basifemur, *n.n.*

Basitarse (*tabl.* 3, *figs.* 24E, 26–28, 29E, 30; *BTA*), *n.m.* Subdivision proximale, adesmatique du tarse, séparée du télotarse par la scissure basitarsale. La scissure est constituée de peau molle et, en outre, dans le cas de la patte I, de deux lyrifissures ventrales (*itav′*, *itav″*). ***V.*** scissure basitarsale, tarse, télotarse. ***Syn.*** métatarse (Naudo, 1963), metatarsus (With, 1903a; Chamberlin & Mulaik, 1942), Metatarsus (Vitzthum, 1940), Tarsus (Redikorzev, 1937). ***Réf.*** Grandjean, 1936: 429–432; van der Hammen, 1966: 36, 56–57, 71; 1970a: 12, 13. ***E.*** basitarsus; ***D.*** Basitarsus, *n.m.*

Basitibia (*tabl.* 3, *fig.* 14; *BTI*), *n.m.* Subdivision proximale, adesmatique du tibia I, séparée du télotibia par la scissure mésotibiale. Elle se manifeste (chez plusieurs espèces) au cours du développement post-embryonnaire. Dans ce cas la scissure est constituée d'une grande lyrifissure ventrale (*itiv*) et d'une bande de peau molle; le niveau de base de la scissure est tritonymphal. ***V.*** scissure mésotibiale, télotibia, tibia. ***Réf.*** Grandjean, 1936: 430; van der Hammen, 1966: 36, 56–57, 71; 1970a: 13. ***E*** basitibia; ***D.*** Basitibia, *n.f.*

Bibliographie (Annexe 6), *n.f.* ***Réf.*** van der Hammen, 1966: 80; 1968a: 75–76 1969a: 131. ***E.*** bibliography; ***D.*** Bibliographie, *n.f.*

Bicondylien, *adj.* Qualifie une articulation (eudesmatique ou adesmatique) munie de deux condyles. ***V.*** articulation bicondylienne. ***Réf.*** Couzijn, 1974: 382. ***E.*** bicondylar; ***D.*** bicondyl.

Bidactyle (*figs.* 23B–E, 31), *adj.* Qualifie un ambulacre portant deux ongles. Le palpe et les pattes des Opilioacarides sont bidactyles dès la larve (l'ambulacre de la prélarve est régressif). La bidactylie est apparemment un caractère ancestral de ce groupe; il n'y a aucune trace d'un ongle central ayant disparu. ***V.*** ambulacre, apotèle, palpe, pattes. ***Réf.*** Grandjean, 1936: 429; van der Hammen, 1966: 47, *figs.* 14B–E, 15E, 16A–C, 17, 18, 21A–C. ***E.*** bidactyl; ***D.*** bidactyl.

Bidesmatique (*fig.* 29B, C), *adj.* Se dit d'une articulation eudesmatique (entre deux articles) munie de deux tendons attachés à la base de l'article distal. ***V.*** articulation bidesmatique. ***Réf.*** *Couzijn, 1974: 381–382. ***E.*** bidesmatic; ***D.*** bidesmatisch.

Biographies des opilioacarologues (*pls.* III–V). ***Réf.*** (1) C. J. With: Stephensen, 1924; Henriksen, 1937. (2) F. Silvestri: Carpenter, 1950; Kanervo, 1950; Masi, 1950; Orfila, 1950; Russo, 1950, 1951, 1959; Balachowsky, 1965. (3) F. Grandjean: Grandjean, 1937; van der Hammen, 1972b, 1973a; Travé & Vachon, 1975; Guinier, 1975. (4) V. V. Redikorzev: Olenev & Popov, 1945. (5) M. André: André, 1954; Grandjean, 1966; Anonymus, 1967; Vachon, 1967. ***E.*** biographies of opilioacarologists;

D. Biographien von Opilioacarologen.

Biologie, *n.f.* Employé ici dans le sens de science qui s'occupe de tout ce qui peut être étudié sur l'organisme vivant. Très peu est connu de la vie des Opilioacarides. Ils sont probablement surtout actifs pendant la nuit, tandis qu'ils se cachent le jour (souvent sous des pierres). ***V.*** alimentation, autotomie, comportement, course, développement postembryonnaire, écologie, faire le mort, fuite, habitat, ingestion, marche, nourriture, reproduction. ***Réf.*** Grandjean, 1936: 420–422; 1970: 804–805; Chamberlin & Mulaik, 1942: 126; Baker & Wharton, 1952: 38; Hughes, 1959: 3; Brignoli, 1967: 116, 118–119. ***E.*** biology; ***D.*** Biologie, *n.f.*

Biréfringence, *n.f.* Propriété qu'ont certaines matières (l'actinopiline par exemple) de diviser en deux le rayon lumineux qui les pénètre. Chez les Opilioacarides, les ongles et le rutellum sont biréfringents, ainsi que quelques poils appartenant à l'extrémité des pattes II–IV (les poils ventraux et latéraux des prétarses et des acrotarses, et un poil ventral des télotarses). Il ne s'agit probablement pas, dans ce cas, d'actinopiline. La couche interne de la cuticule, en outre, est aussi légèrement biréfringente. ***V.*** actinopiline. ***Réf.*** Grandjean, 1936: 437; van der Hammen, 1966: 47. ***E.*** birefringence; ***D.*** Doppelbrechung, *n.f.*

Bivalent (*fig.* 29B, C), *adj.* Qualifie une articulation (eudesmatique ou adesmatique) qui permet à un article de s'abaisser ainsi que de se relever. ***V.*** articulation bivalente. ***Réf.*** van der Hammen, *1966: 55–57, 71; 1970a: 11. ***E.*** bivalent; ***D.*** bivalent.

Bouche (*fig.* 20:*b*), *n.f.* Fente étoilée à trois branches, les extrémités des branches étant les trois commissures ou lignes commissurales (qui indiquent les endroits où les lèvres se joignent). Dans le cas des Opilioacarides il y a trois lèvres (le labre et les lèvres latérales). La commissure inférieure (*Ji*) est un peu plus avancée que les deux commissures supérieures (*Js*, *Js'*), de sorte qu'on peut distinguer un gosier au fond de la bouche (l'entrée du pharynx) et une petite gouttière labiale en avant. ***V.*** cavité préorale, commissure, gosier, gouttière labiale, labre, lèvres latérales, pharynx. ***Réf.*** Grandjean, 1936: 416, 425, *fig.* 1; van der Hammen, 1966: 29–30, 73, *fig.* 11; 1970b: 20. ***E.*** mouth; ***D.*** Mund, *n.m.*

C

Cadre, *n.m.* ***E.*** frame; ***D.*** Rahmen, *n.m.*

Cadre chélicérien (*figs.* 14, 17, 19). Partie du tégument (partiellement membraneuse), qui constitue la paroi du corps entre la région rostrale et l'infracapitulum, et à laquelle les chélicères s'attachent, d'une manière mobile, par l'intermédiaire de leurs gaines. Le cadre chélicérien comprend, entre autres, la région coxisternale du segment des chélicères; la partie supérieure est nommée tégulum. ***V.*** gaine chélicérienne, ligne d'attache du cadre chélicérien à l'infracapitulum, région coxale de la chélicère, tégulum. ***Syn.*** cadre mandibulaire (Grandjean, 1936). ***Réf.*** Grandjean, 1936: 416, 427; van der Hammen, 1966: 24, 27–29, 71. ***E.*** cheliceral frame; ***D.*** cheliceraler Rahmen.

Calcar, *n.m.* Poil hypertrophié, en forme d'éperon ou de corne; la racine peut être incorporée au tégument (par ankylose). Le poil paralabial pl_1 (le petit corniculus, un des poils infracapitulaires) a la forme d'un petit calcar. ***Réf.*** Grandjean, 1936: 425–426, *figs.* 1, 2; van der Hammen, 1966: 25, *figs.* 8, 9, 11. ***E.*** spur; ***D.*** Calcar, n.n.

Calyptostase, *n.f.* Stase inhibée, à caractères très régressifs, qui a perdu au moins l'usage de tous ses appendices et de ses organes buccaux (dans des cas extrêmes, la calyptostase reste enfermée dans le tégument de la stase précédente). La prélarve des Opilioacarides représente une des calyptostases les moins régressives que l'on connaisse chez les Acariens, constituant presqu'un moyen terme entre les calyptostases et les élattostases. ***V.*** élattostase, prélarve, protélattose. ***Réf.*** Grandjean, *1938: 147; 1957a: 488–490; Coineau, 1973: 1181, *fig.* 1; Coineau & van der Hammen, 1976 (sous presse). ***E.*** calyptostase; ***D.*** Calyptostase, *n.f.*

Carnassier, *adj.* et *n.m.* Qui se nourrit d'animaux. On a déduit de la présence, dans le tube digestif des Opilioacarides, de fragments chitineux de petits Arthropodes (parmi d'autres choses), qu'ils sont partiellement carnassiers; peut-être se contentent-ils de proies mortes ou même de fragments. ***V.*** alimentation, nourriture. ***Réf.*** Grandjean, 1936: 421; van der Hammen, 1966: 8. ***E.*** carnivorous; carnivore; ***D.*** carnivor; Carnivore, *n.m.*

Catalogue des espèces. ***Réf.*** van der Hammen, 1966: 48–50. ***E.*** catalogue of the species; ***D.*** Artenkatalog.

Cavité, *n.f.* ***E.*** cavity; ***D.*** Höhlung, *n.f.*, Höhle, *n.f.*

Cavité coxale de l'infracapitulum** (*fig.* 21: *CC*). Cavité, des deux côtes, à l'intérieur de la région coxale de l'infracapitulum; l'acétabulum du palpe en fait partie. Chez les Opilioacarides elle est peu développée, et ne présente pas de prolongements chitineux à l'intérieur de la chambre pharyngienne. ***V. chambre pharyngienne. ***Syn.*** coxal vault (van der Hammen, 1966). ***Réf.*** van der Hammen, 1966: 32, 72. ***E.*** coxal cavity of the infracapitulum; *D.* coxale Höhlung des Infracapitulums.

Cavité malaire** (*CM*). Cavité à l'intérieur des malapophyses, en communication avec la chambre pharyngienne. A cause de la petitesse des malapophyses, la cavité malaire des Opilioacarides est peu développée. ***V. chambre pharyngienne, malapophyse. ***E.*** malar cavity; ***D.*** Wangenhöhle.

Cavité préorale (*fig.* 20). Espace devant la bouche, compris entre les lèvres. ***V.*** bouche, gosier, gouttière labiale, labre, lèvres latérales. ***Réf.*** van der Hammen, 1966: 30, 74. ***E.*** preoral cavity; ***D.*** Mundvorraum, *n.m.*

Cérotégument, *n.m.* Couche superficielle du tégument, qui se développe par exsudation à travers la cuticule; elle est de nature non-chitineuse. Chez les Opilioacarides la couche est très mince et ne se remarque guère; sa structure est apparemment finement granuleuse (pseudo-pulvérulente). ***V.*** tégument. ***Réf.*** van der Hammen, 1966: 8, 71. ***E.*** cerotegument; ***D.*** Cerotegument, *n.n.*

Cervix (*fig.* 19: *CE*), *n.m.* Surface dorsale de l'infracapitulum, limitée en arrière par la ligne d'attache du cadre chélicérien, en avant par la base du labre, et latéralement par les grandes carènes. Au milieu, en arrière de la base du labre, il y a une partie élevée, la selle. Latéralement, des deux côtés de la selle, se trouve le fossé chélicérien. Le cervix présente en outre, des deux côtés, le foramen et l'orifice de la glande infracapitulaire. ***V.*** foramen, fossé chélicérien, grande carène latérale de l'infracapitulum, labre, infracapitulum, ligne d'attache du cadre chélicérien à l'infracapitulum, orifice de la glande infracapitulaire, selle. ***Syn.*** epistome (Snodgrass, 1948), proximal piece of labrum (With, 1903a), subcheliceral plate (Hughes, 1959). ***Réf.*** van der Hammen, 1966: 29, 71. ***E.*** cervix; ***D.*** Cervix, *n.m.*

Chaetotaxie, *n.f.* Arrangement (nombre et répartition) des poils sur le corps et les appendices. Chez les Opilioacarides, une partie seulement des poils est idionymique. Dans le cas des poils adélonymique, il y a deux hypothèses: celle de la néotrichie et celle de la primordiotrichie. Dans le cas des poils des pattes, on peut parler de cosmiotrichie linéaire. ***V.*** adélonymie, cosmiotrichie linéaire, idionymie, néotrichie, phanérotaxie, primordiotrichie. ***Réf.*** Grandjean, 1936: 425–427, 429, 433–435, *figs.* 1–5; van der Hammen, 1966: 12, 17, 19, 22, 25, 27, 32, 34, 38–47, 53, 58; 1968a: 62, 65–69, 71; 1969a: 115, 119, 121, 122, 127, 128; Vitzthum, 1940a: 211. ***E.*** chaetotaxy; ***D.*** Chaetotaxie, *n.f.*

Chambre, *n.f.* ***E.*** chamber; ***D.*** Raum, *n.m.* (traductions applicables seulement dans le cas de 'chambre pharyngienne').

Chambre pharyngienne (*fig.* 21: *CP*). Cavité interne de l'infracapitulum; elle contient le pharynx. Latéralement elle est en communication avec les cavités coxales, en avant avec les cavités malaires. ***V.*** cavité coxale de l'infracapitulum, cavité malaire. ***Syn.*** infracapitular vault (van der Hammen, 1966). ***Réf.*** van der Hammen, 1966: 32, 72, fig. 12. ***E.*** pharyngeal chamber; ***D.*** Pharyngealraum.

Chélicère (*tabl.* 2, *figs.* 14, 17, 22; *CH*), *n.f.* Appendice pair, antérieur des Chélicérates. Chez les Opilioacarides elle se compose d'un trochanter, d'un segment principal (le corps chélicérien) et d'un apotèle (les deux articulations sont bicondyliennes et bidesmatiques). La chélicère se termine par une pince, composée d'un mors fixe et d'un mors mobile (le mors mobile représente l'apotèle). Le trochanter porte un poil *cht* (rarement absent), dont le niveau de base est tritonymphal ou adulte. Le corps chélicérien porte trois poils (ch_1'', ch_2', ch_2'') dont le niveau de base est apparemment larvaire; rarement il y a un quatrième poil (ch_3'). La chélicère des Opilioacarides est un organe préhenseur. ***V.*** corps chélicérien, mors, pince chélicérienne, trochanter. ***Syn.*** antenna (With, 1903a), Mandibula (Vitzthum, 1931), mandibule (Grandjean 1935, 1936; André, 1947). ***Réf.*** With, 1903a: 148–149, *pl.* 4 *figs.* 4, 5, 10; Grandjean, 1935: 204, *fig.* 3D; 1936: 428; Vitzthum, 1940: 74, *fig.* 43; Naudo, 1963: 20, *fig.* 13; van der Hammen, 1966: 32–34, *fig.* 13; 1968a: 66; 1969a: 119, 127–128. ***E.*** chelicera; ***D.*** Chelicere, *n.f.*

Circumcapitulaire, *adj.* Qui est autour de la base du gnathosoma. ***E.*** circumcapitular; ***D.*** circumcapitulär.

Classification, *n.f.* ***E.*** classification; ***D.*** Klassifikation, *n.f.*

Classification des Opilioacarides. Les Opilioacarides constituent un ordre du superorde des Anactinotrichida (il s'agit d'un groupe riche en caractères ancestraux). On a actuellement reconnu une seule famille (Opilioacaridae) avec six genres (*Panchaetes* Naudo, 1963; *Salfacarus* van der Hammen, 1976a; *Phalangiacarus* Coineau & van der Hammen, 1976; *Opilioacarus* With, 1903; *Paracarus* Chamberlin & Mulaik, 1942; *Adenacarus* van der Hammen, 1966). ***Réf.*** With, 1903a: 170–176; Vitzthum, 1931: (3)8, (3)142; 1942: 751–752; Grandjean, 1936: 437–440; 1970: 803–815; Wharton, 1947; André, 1949: 794, 878, 895; Baker & Wharton, 1952: 34, 36–38; Kaestner, 1956: 636; Baker, Camin, Cunliffe, Woolley & Yunker, 1958: 8, 19; Hughes, 1959: 202; van der Hammen, 1961: 178; 1966: 48–50; 1968: 276–277; 1968a: 69–71; 1968b: 402–403; 1971: 465–473; 1972: 3 (*tabl.* 1), 35, 47; 1972a: 277–280, 284–285; 1973: 277–278; Evans, Sheals & Macfarlane, 1961: 47, 48; Johnston, 1968: 1; Krantz, 1971: 25, 63; Coineau & van der Hammen, 1976 (sous presse). ***E.*** classification of Opilioacarida; ***D.*** Klassifikation der Opilioacariden.

Clef (de détermination), *n.f.* ***Réf.*** With, 1903a: 176; Baker & Wharton, 1952: 36; Baker, Camin, Cunliffe, Woolley & Yunker, 1958: 18, 19; Evans, Sheals & Macfarlane, 1961; 58; van der Hammen, 1966: 50;

1972: 37; 1972a: 289–290; Krantz, 1971: 58. ***E.*** key; ***D.*** Bestimmungsschlüssel, *n.m.*

Coloration, *n.f.* La coloration des Opilioacarides est assez variée. Il faut distinguer les couleurs de la cuticule et les couleurs des granules de pigment sous-cuticulaires. Bien que la cuticule soit jaunâtre ou presqu'incolore à beaucoup d'endroits, elle est bleue (ou même d'un bleu foncé) à d'autres. Principalement sous la cuticule il y a des granules de pigments violets et bleus; ces granules sont très fins, très nombreux et répartis inégalement (la couleur noire de certains endroits est due à l'abondance de granules violets). ***V.*** couleur, pigment. ***Réf.*** Vitzthum, 1931: (3)10; 1940a: 198; Grandjean, 1936: 419–420; 1970: 807; Kaestner, 1956: 619; van der Hammen, 1966: 7. ***E.*** coloration; ***D.*** Färbung, *n.f.*

Commissure, *n.f.* ***E.*** commissure; ***D.*** Kommissur, *n.f.*

Commissure de la bouche. Point où une ligne commissurale (c'est-à-dire une ligne où deux lèvres se joignent) atteint la surface externe. La bouche des Opilioacarides a trois commissures: deux supérieures et une inférieure. ***V.*** bouche. ***Réf.*** Grandjean, 1936: 416, 424–425, *fig.* 1; van der Hammen, 1966: 29–30, 71, *fig.* 11. ***E.*** oral commissure; ***D.*** Kommissur des Mundes.

Commissure inférieure de la bouche (*figs.* 15, 20: *Ji*). Commissure à position médioventrale, à la jonction des lèvres latérales dans le plan de symétrie. ***V.*** lèvres latérales. ***Réf.*** Grandjean, 1936: 424, *fig.* 1; van der Hammen, 1966: 30; 1970b: 20, *fig.* 1H. ***E.*** inferior oral commissure; ***D.*** untere Kommissur des Mundes.

Commissure supérieure de la bouche (*figs.* 19, 20: *Js*, *Js'*). Commissure (toujours paire), à position dorsale, à la jonction de chacune des deux lèvres latérales et de la lèvre supérieure. ***V.*** labre, lèvres latérales. ***Réf.*** Grandjean, 1936: 425, *fig.* 1; van der Hammen, 1966: 29, *fig.* 11; 1970b: 20, *fig.* 1H. ***E.*** superior oral commissure; ***D.*** obere Kommissur des Mundes.

Comportement, *n.m.* On connait très peu de choses sur le comportement des Opilioacarides. Dans la littérature on ne trouve que quelque notes sur le comportement pendant la marche (en tâtant le sol avec les pattes antérieures), sur la fuite (autotomie, courir à reculons, faire le mort) et sur les mouvements des appendices du gnathosoma. ***V.*** autotomie, biologie, course, faire le mort, fuite, marche. ***Réf.*** Grandjean, 1936: 420–421; 1970: 804–805; Chamberlin & Mulaik 1942: 126; Brignoli, 1967: 116, 118. ***E.*** behaviour; ***D.*** Verhalten, *n.n.*

Coniculé** (*pl.* I *fig.* 1, *pl.* II *figs.* 1–4), *adj.* Qui présente une microsculpture (une ornementation) formée de petits cônes. Chez les Opilioacarides la forme des petits cônes est assez variable, de sorte que la microsculpture peut être presque aciculée dans un endroit, et presque verruqueuse dans un autre. ***E. coniculate; ***D.*** coniculiert.

Conservation, *n.f.* Les Opilioacarides sont conservés de préférence en tubes, dans de l'alcohol à 75% (aussi pur que possible). L'acide lactique dilué, quoique excellent pour l'observation par transparence, entre lame et lamelle, n'est pas convenable à la conservation (les exemplaires deviennent complètement incolores et trop mous, et les pattes se perdent). ***E.*** preservation; ***D.*** Konservierung, *n.f.*

Convention, *n.f.* Accord, règle acceptée, par exemple en ce qui concerne l'orientation des figures, la notation, la mensuration, etc. Les conventions facilitent l'étude comparée. ***V.*** abréviations, désignation, lettres grecques, mensuration, notation, orientation des structures représentées, signes symboliques. ***E.*** convention; ***D.*** Konvention, *n.f.*

Corniculus (*figs.* 15–17, 18B, C, 20), *n.m.* Poil hypertrophié, cératiforme, inséré chez de nombreux Anactinotrichida dans la partie antérieure de l'infracapitulum. Bien que le poil paralabial pl_1 des Opilioacarides ait la forme d'un petit corniculus, il n'en est pas homologue. En effet, c'est plutôt le rutellum des Opilioacarides (le poil pl_3) qui est l'homologue du corniculus des Holothyrida et des Gamasida. ***V.*** calcar, rutellum. ***Réf.*** Grandjean, 1936: 425, *figs.* 1, 2; van der Hammen, 1966: 25, 54, *figs.* 8, 9, 11; 1971: 470n. ***E.*** corniculus; ***D.*** Corniculus, *n.m.*

Coronidion** (*figs.* 27–29, *pl.* II *figs.* 1, 3; κ), *n.m.* Phanère lisse et grêle, courbé en quart de cercle, faisant partie d'une ou plusieurs rangées implantées sur le dos du basitarse des pattes II–IV (en général dans une partie proximale d'extension variable) et chez certaines espèces aussi sur le dos du tibia de ces pattes. Ils sont baculiformes et ressemblent à des solénidions, bien qu'il soient plus massifs (leur canal interne est étroit et n'atteint pas l'extrémité). ***V. phanère. ***Syn.*** sense hair, strongly curved 'tactile' hair (With, 1903a), solénidion, poil en quart de cercle (Grandjean, 1936). ***Réf.*** With, 1903a: 143, 155, *pl.* 4 *fig.* 12; Grandjean, 1936: 433; van der Hammen, 1966: 43, 46, *figs.* 17, 18, 19E; 1976a (sous presse). ***E.*** coronidion; ***D.*** Coronidion, *n.n.*

Corps, *n.m.* ***E.*** body; ***D.*** Corpus, *n.m.*

Corps chélicérien (*fig.* 22). Deuxième article de la chélicère, représentant l'ensemble de quatre articles (le fémur, le génual, le tibia et le tarse). La partie distale est constituée par le mors fixe. En général, le corps chélicérien des Opilioacarides porte trois poils, à position latérodorsale (ch_1'', ch_2', ch_2''); il y a aussi, rarement, un quatrième poil (ch_3'). ***V.*** chélicère. ***Syn.*** article qui porte le doigt fixe (Grandjean, 1947), articulus secundus [chelicerae] (Silvestri, 1905), segment 2 [of chelicera] (van der Hammen, 1966). ***Réf.*** With, 1903a: 149, *pl.* 4 *fig.* 10; Grandjean, 1935: 204, *fig.* 3D; 1947: 350n; van der Hammen, 1966: 32–34, *fig.* 13; 1968a: 66; 1969a:

127–128; 1970a: 15. ***E.*** body of chelicera; ***D.*** Corpus der Chelicere.

Cosmiotrichie, *n.f.* Formation secondaire de poils qui sont disposés, quel que soit leur nombre, dans un ordre simple et reconnaissable. ***V.*** atactotrichie, idiotrichie, néotrichie. ***Réf.*** Grandjean, 1965: 715. ***E.*** cosmiotrichy; ***D.*** Cosmiotrichie, *n.f.*

Cosmiotrichie linéaire. Cosmiotrichie se rapportant à des poils disposés en file (alignés). ***Réf.*** *Grandjean, 1965: 715; van der Hammen, 1968a: 69, 71, 73. ***E.*** linear cosmiotrichy; ***D.*** lineare Cosmiotrichie.

Couleur, *n.f.* La coloration des Opilioacarides est composée surtout de parties bleues et violettes (d'intensité variable) avec des intervalles plus pâles (jaunâtres, presqu'incolores). ***V.*** coloration, pigment. ***E.*** colour; ***D.*** Farbe, *n.f.*

Course, *n.f.* Action de courir, de se déplacer à une allure généralement plus rapide que la marche. Si un Opilioacaride rencontre un obstacle qui l'inquiète, il peut courir très vite à reculons (bien différent de la marche normale, d'allure circonspecte); dans ce cas les pattes I sont levées et ne servent pas. Si l'animal doit fuir en avant, il court moins vite mais il est cependant très agile; les pattes I servent, dans ce cas, commes les autres. ***V.*** locomotion, marche. ***Réf.*** Grandjean, 1936: 420, 439; 1970: 805. ***E.*** running; ***D.*** Lauf, *n.m.*

Coxa (tabl. 2, *figs.* 6, 7; *CX*), *n.m.* Article basal des pattes (on ne connaît pas de coxa libre à la chélicère et au palpe) des Anactinotrichida. Chez les Opilioacarides le coxa est assez court et de forme arrondie ou un peu cylindrique (quoique plus ou moins rétrécie aux deux bouts). Il s'articule avec le corps (sans condyles) et avec le trochanter. Il porte des poils (des poils papilliformes et d'autres), surtout à la face antilatéroventrale. Les coxae I et II portent, en outre, chacun un poil latérocoxal à la face paralatérodorsale. ***V.*** région coxale. ***Réf.*** With, 1903a: 152, *pl.* 4 *fig.* 3; Grandjean, 1936: 430, *fig.* 4; Vitzthum, 1940: 91; van der Hammen, 1966: 38, 40, *figs.* 2, 3. ***E.*** coxa; ***D.*** Coxa, *n.f.*

Crispin (*figs.* 24B, 29A), *n.m.* Collerette portée par la partie proximale d'un article d'une patte. C'est un tectum carénal, dirigé en arrière. Sa base n'est pas tout à fait au bord de l'article; il y a une gorge entre elle et l'extrémité proximale. Un crispin protège l'articulation. Chez les Opilioacarides on trouve un crispin au bord proximal du trochanter I et du trochanter 1 IV; il recouvre et protège la membrane arthrodiale de l'articulation avec le coxa (c'est une articulation d'autotomie). ***V.*** autotomie. ***Réf.*** Grandjean, 1936: 430; van der Hammen, 1966: 35, 74, *figs.* 15B, 19A. ***E.*** retrotectum; ***D.*** Retrotectum, *n.n.*

Croix, *n.f.*

Croix mortuaire (annexe 2: †). Signe en forme de petite dague. Employé dans une formule opilioacarologique (ajouté à un chiffre), elle indique que ce chiffre se rapporte à des poils composites. ***V.*** formule, signe symbolique. ***E.*** dagger; ***D.***?

Cupule (*fig.* 24E; *i*), *n.f.* Petite cavité tégumentaire en forme de cratère ou d'entonnoir, séparée de l'extérieur par l'épiostracum, en communication avec l'intérieur du corps par un tube fin et court. La paroi peut être sclérotisée ou non. Les cupules sont homologues de lyrifissures, et peuvent être remplacées par elles au cours du développement postembryonnaire; on les trouve surtout quand la cuticule n'est pas sclérotisée ou faiblement. La fonction est probablement sensorielle. Chez les Opilioacarides, on trouve deux cupules entre le basi- et le télotarse de la patte I, ventralement, dans le tégument de l'articulation eudesmatique (dans la scissure basitarsale). ***V.*** lyrifissure, scissure basitarsale. ***Réf.*** Grandjean, 1936: 430–431, *fig.* 3C; van der Hammen, 1966: 36. ***E.*** cupule; ***D.*** Cupula, *n.f.*

Cuticule, *n.f.* Tégument chitineux (ou ectosquelette). En général, la cuticule comprend trois couches: l'épiostracum (où la présence de chitine est incertaine), l'ectostracum et l'endostracum (de l'extérieur à l'intérieur). Chez les Opilioacarides, la cuticule est assez molle, faiblement sclérotisée, un peu coriace, et facile à déformer. Elle présente une microsculpture coniculée. ***V.*** coniculé, tégument. ***Réf.*** van der Hammen, 1966: 8, 52–53. ***E.*** cuticle; ***D.*** Kutikula, *n.f.*

Cycle, *n.m.* ***E.*** cycle; ***D.*** Zyklus, *n.m.*

Cycle vital. Le cycle vital des Opilioacarides comprend l'œuf, la prélarve, la larve, la protonymphe, la deutonymphe, la tritonymphe et l'adulte. ***E.*** life cycle; ***D.*** Lebenszyklus.

D

Dénudation, *n.f.* Phénomène de régression numérique de poils, solénidions, lyrifissures, etc.; c'est une évolution régressive de tout ou rien. Dans le cas de dépilation le phénomène se restreint à la régression numérique de poils. ***V.*** dépilation. ***Réf.*** *Grandjean, 1946: 297–325. ***E.*** denudation; ***D.*** Denudation, *n.f.*

Dépilation, *n.f.* Phénomène de régression numérique de poils. C'est une évolution de tout ou rien. Le terme se rapporte, par exemple, à la régression numérique de poils opisthosomatiques. ***V.*** dénudation. ***Réf.*** van der Hammen, 1971: 469, *fig.* 2. ***E.*** depilation; ***D.*** Depilation, *n.f.*

Description, *n.f.* Enumération plus ou moins complète des caractères d'un taxon, de préférence conforme à un certain modèle standard (afin de faciliter l'étude comparée). Dans le cas d'une description spécifique d'Opilioacaride, le modèle recommandé traite successivement des rubriques suivantes: la localité, la date et le matériel étudié; les dimensions; le facies et la coloration; la cuticule; l'aspidosoma; l'opisthosoma (surtout la face dorsale); le tubercule anal; la région génitale; la région sternale du podosoma; la région latérale du podosoma; le gnathosoma; la chélicère; le palpe; les pattes; et le développement postembryonnaire. On peut ajouter des notes sur l'écologie, la distribution géographique, la nourriture, l'anatomie interne, etc. ***V.*** diagnose, illustration. ***E.*** description; ***D.*** Beschreibung, *n.f.*

Désignation (annexes 2, 3), *n.f.* Action d'indiquer de manière à faire distinguer de tous les autres par une notation; on peut indiquer, par exemple, un certain ordre ou la stase d'apparition. (C'est aussi l'action de choisir quelque chose, par exemple l'espèce-type d'un genre). ***V.*** abréviations, lettres grecques, notation, signes symboliques. ***E.*** designation; ***D.*** Bezeichnung, *n.f.*

Désignation de numérotage. Désignation d'organes en les numérotant dans un certain ordre. (On peut désigner, par exemple, une série de poils latérodorsaux du côté prime d'un article d'une patte, par la notation ld_{1-5}', ld_1' étant le plus distal, ld_5' le plus proximal, etc.). Dans le cas d'une désignation ontogénétique de numérotage, il s'agit d'une notation d'organes dans l'ordre où ils apparaissent au cours du développement postembryonnaire. ***E.*** numerical designation; ***D.*** Bezeichnung durch Nummern.

Désignation ontogénétique. Notation d'un organe, accompagnée de l'indication de la stase d'apparition. On peut désigner, par exemple, le stigmate 1 des Opilioacarides, qui apparaît à la stase tritonymphale, par la notation *st.1 n3*. ***E.*** ontogenetic designation; ***D.*** ontogenetische Bezeichnung.

Dessin (*fig.* 1), *n.m.* Un dessin scientifique (qui constitue une partie importante d'une description) n'est pas une simple imitation, mais la synthèse d'une somme de données; il constitue en même temps une interprétation et un modèle. Un dessin doit être exposé d'une manière didactique. Afin de faciliter l'étude comparée, il faut observer des orientations standard. ***V.*** convention, illustration, orientation des structures représentées. ***E.*** drawing; ***D.*** zeichnerische Darstellung, *n.f.*

Détermination, *n.f.* ***V.*** clef. ***E.*** identification; ***D.*** Bestimmung, *n.f.*

Deutonymphe (*fig.* 2D; *n2*), *n.f.* Deuxième nymphe, quatrième stase du développement postembryonnaire; elle fait partie de la phase nymphale. Elle est caracterisée par la présence de trois paires de stigmates (dont les niveaux de base sont proto- et deutonymphaux) et par la présence d'un acrotarse à la patte IV (dont le niveau de base est deutonymphal). Comme la protonymphe, elle a un seul trochanter aux pattes III et IV, un tibia I entier, et un trochanter chélicérien glabre. Par rapport aux autres stases, la deutonymphe a un nombre plus ou moins caractéristique de poils sur les verrues sternales et génitales, et dans la région prégénitale et génitale. ***V.*** cycle vital, développement postembryonnaire. ***Réf.*** van der Hammen, 1969a: 121–122, 126–127; Coineau & van der Hammen, 1976 (sous presse). ***E.*** deutonymph; ***D.*** Deutonymphe, *n.f.*

Développement, *n.m.* ***V.*** cycle vital. ***Syn.*** ontogénèse. ***E.*** development; ***D.*** Entwicklung, *n.f.*

Développement embryonnaire. ***E.*** embryonic development; ***D.*** Embryonalentwicklung.

Développement postembryonnaire (*figs.* 2, 3). Le développement postembryonnaire des Opilioacarides comprend six stases (prélarve, larve, protonymphe, deutonymphe, tritonymphe et adulte), qui font partie de quatre phases (les phases prélarvaire, larvaire, nymphale et adulte). La prélarve est une calyptostase (presqu'une élattostase); apparemment la larve représente le commencement d'une élattostase. La patte IV de la larve est vestigiale. ***V.*** phase, stase. ***Réf.*** Grandjean, 1936: 419, 430, 431, 436; Vitzthum, 1941a: (3)215; Naudo, 1963: 20–23, *figs.* 12–22; van der Hammen, 1966: 47–48; 1969a: 126–127; Coineau, 1973: 1181–1184, *figs.* 1–2; Coineau & van der Hammen, 1976 (sous presse). ***E.*** postembryonic development; ***D.*** postembryonale Entwicklung.

Diagnose, *n.f.* Parmi les caractères diagnostiques du niveau générique des Opilioacarides, il faut citer: le nombre des yeux, le nombre de poils opisthosomatiques (en particulier ceux du segment XVIII), le nombre de lyrifissures opisthosomatiques, le nombre de poils des sternapophyses, la forme de l'organe de With (en forme de poil fourchu ou en forme de disque), la forme du rutellum (nombre et longueur relative des dents), la présence de coronidions à la face dorsale des tibias II–IV, etc. Parmi les caractères spécifiques il faut citer les dimensions (surtout la longueur relative des pattes), la coloration, la longueur des poils, la forme du rostre et la chaetotaxie. ***V.*** description. ***Réf.*** With, 1903a: 175; Vitzthum, 1931: (3)1, (3)8, (3)142, *fig.* 1; 1940: 3; 1942: 751, *fig.* 477; André, 1949: 878; Baker & Wharton, 1952: 37; Kaestner, 1956: 636; Baker, Camin, Cunliffe, Woolley & Yunker, 1958: 9, 19; Hughes, 1959: 202; van der Hammen, 1961: 178; 1966: 48–49; 1968a: 69–70; 1969a: 125–126; 1972: 35; 1972a: 284–285; Evans, Sheals & Macfarlane, 1961: 49–51, *figs.* 79–82; Johnston, 1968: 109, 110; Grandjean, 1970: 804–807; Krantz, 1971: 62, *pl.* 13 *figs.* 1, 2. ***E.*** diagnosis; ***D.*** Diagnose, *n.f.*

Digestion, *n.f.* Les Opilioacarides ne pratiquent pas la digestion externe et ne se nourissent pas de matières liquides. Au contraire ils sont capables de diviser leur nourriture en petits morceaux (apparemment à l'aide de leurs rutellums) et d'ingérer ces matériaux solides. La digestion est donc intra-intestinale (comme chez les Oribates et de nombreux Endeostigmates). ***V.*** alimentation, ingestion, nourriture. ***Réf.*** Grandjean, 1936: 422; 1957: 273. ***E.*** digestion; ***D.*** Verdauung, *n.f.*

Dimorphisme, *n.m.* Existence de deux formes distinctes pour la même stase d'une espèce. ***E.*** dimorphism; ***D.*** Dimorphismus, *n.m.*

Dimorphisme sexuel (*fig.* 4). Existence de deux aspects différents, celui du mâle, et celui de la femelle, pour la stase adulte ainsi que pour une ou plusieurs stases immatures. Le dimorphisme sexuel peut se rapporter aux caractères de la région génitale et prégénitale, à la forme générale, et (plus rarement) à la phanérotaxie du palpe. ***V.*** adulte, femelle, mâle, tritonymphe. ***Réf.*** With, 1903a: 167–170; Grandjean, 1936: 435–436; Vitzthum, 1940b: 397; Naudo, 1963: 16, 18, 20; van der Hammen, 1966: 17–19; 1969a: 119, *fig.* 3; Juvara-Bals & Baltac, 1975 (sous presse). ***E.*** sexual dimorphism; ***D.*** Sexualdimorphismus.

Disjugal (*fig.* 7: *disj*), *adj.* Qualifie le sillon qui sépare le prosoma de l'opisthosoma. Chez les Opilioacarides, il est distinct dorsalement; latéralement il passe dans le sillon abjugal. ***V.*** abjugal. ***Syn.*** [sillon] *s* (Grandjean, 1936). ***Réf.*** Grandjean, 1936: 422; van der Hammen, 1966: 8, 10, 72, *figs.* 1, 3. ***E.*** disjugal; ***D.*** disjugal.

Distribution, *n.f.* ***E.*** distribution; ***D.*** Verbreitung, *n.f.*

Distribution géographique. Des Opilioacarides sont connus de l'Afrique (plusieurs genres, c'est le centre de la distribution), de l'Europe méridionale (*Opilioacarus*), de parties de l'Asie (Aden, Kirgizya, Kazakhstan, environs de Bombay; plusieurs genres), et de parties de l'Amerique australe et centrale, et du Sud des États Unis (*Opilioacarus*). C'est une distribution essentiellement gondwanienne. ***Réf.*** Vitzthum, 1931: (3)136; 1940: 129; 1941: 302; 1941a: (3)219; Naudo, 1963: 23–24; van der Hammen, 1971: 465–467, *fig.* 1; Krantz, 1971: 62. ***E.*** geographic distribution; ***D.*** geographische Verbreitung.

Durée, *n.f.* ***E.*** duration; ***D.*** Dauer, *n.f.*

Durée de la vie. Nous ne disposons pas de données sur la durée du cycle vital et de la vie des stases. En tenant compte de la régression des pièces buccales, on peut supposer que la vie de la larve est très courte. ***E.*** duration of life; ***D.*** Lebensdauer.

E

Ecologie, *n.f.* ***V.*** biologie, habitat. ***Réf.*** Vitzthum, 1931: (3)115; 1941: 302; Grandjean, 1936: 420; 1970: 804; Chamberlin & Mulaik, 1942: 126; Naudo, 1963: 20, 22; Brignoli, 1967: 116–119; Krantz, 1971: 62. ***E.*** ecology; ***D.*** Ökologie, *n.f.*

Élattostase, *n.f.* Stase dont les organes buccaux sont régressifs au point qu'elle ne peut manger, mais qui a des pattes et qui se meut. La régression élattostasique peut être faible (les organes buccaux et la bouche ont presque conservé leur aspect normal, mais ils ne peuvent plus fonctionner) ou assez forte (disparition des chélicères et des palpes, fermeture de la bouche, régression du pharynx). La larve des Opilioacarides représente probablement une élattostase peu régressive, dont seulement la pince chélicérienne, le rutellum et l'organe de With montrent des signes de régression. ***V.*** calyptostase, larve, protélattose. ***Réf.*** *Grandjean, 1957a: 487–488; Coineau, 1973: 1184, *fig.* 2; Coineau & van der Hammen, 1976 (sous presse). ***E.*** elattostase; ***D.*** Elattostase, *n.f.*

Élevage, *n.m.* Action d'élever les animaux afin d'étudier la reproduction, le développement, le comportement, etc. ***V.*** technique. ***E.*** culturing; ***D.*** Aufzucht, *n.f.*

Endite, *n.m.* Branche ou excroissance paraxiale d'un appendice, ou la structure qui en est homologue. ***V.*** appendices opisthosomatiques, papille génitale. ***E.*** endite; ***D.*** Endit, *n.n.*

Endites prosomatiques (*fig.* 6). Structures homologuées d'endites des appendices prosomatiques. Il s'agit d'hypothèses qui se rapportent aux lèvres latérales, aux sternapophyses, et aux verrues sternales. ***V.*** appendices, lèvres latérales, sternapophyses, verrues sternales. ***Réf.*** van der Hammen, 1966: 53; 1976 (sous presse). ***E.*** prosomatic endites; ***D.*** prosomatische Endite.

Endosternite, *n.m.* Pièce fibreuse, tendue au milieu du prosoma, au-dessous du tube digestif et au-dessus de la masse nerveuse sous-oesophagienne. L'endosternite est relié à l'ectosquelette par plusieurs paires de muscles suspenseurs, et sert d'insertion à de nombreux autres muscles par lesquels des mouvements des appendices sont effectués. ***Réf.*** With, 1903a: 160, *pl.* 6 *figs.* 7–8; Vitzthum, 1940: 116; van der Hammen, 1966: *fig.* 5A; 1969: 187; Coineau & Legendre, 1976 (en préparation). ***E.*** endosternite; ***D.*** Endosternit, *n.n.*

Épiprosoma (*fig.* 7), *n.m.* L'ensemble de l'aspidosoma et du gnathosoma. C'est le prosoma moins le podosoma. L'épiprosoma n'est pas un tagma. ***V.*** aspidosoma, gnathosoma. ***Réf.*** *Grandjean, 1970: 820, *fig.* [1]. ***E.*** epiprosoma; ***D.*** Epiprosoma, *n.n.*

Éthologie, *n.f.* ***V.*** biologie, comportement, course, faire le mort, fuite, marche. ***Réf.*** Grandjean, 1936: 420–421; 1970: 804–805. ***E.*** ethology; ***D.*** Ethologie, *n.f.*

Eudesmatique, *adj.* Qualifie les articles d'un appendice, munis de tendons propres; ou l'articulation entre deux articles d'un appendice (ou entre un appendice et le corps) munie de tendons attachés à la base de l'article distal. ***V.*** article eudesmatique, articulation eudesmatique, bidesmatique, monodesmatique. ***Syn.*** primaire (van der Hammen, 1970a), primary (van der Hammen, 1966). ***Contr.*** adesmatique. ***Réf.*** *Couzijn, 1974: 381–382. ***E.*** eudesmatic; ***D.*** eudesmatisch.

Évolution, *n.f.* Développement, au cours du temps, de la vie; transformation des espèces. ***V.*** phylogénèse. ***Réf.*** van der Hammen, 1968a: 72–73; 1971: 465–473, *figs.* 2–5; 1972: 42, *fig.* 23; 1972a: 282–283, *fig.* 1; 1973: 278–280, *fig.* 1. ***E.*** evolution; ***D.*** Evolution, *n.f.*

Excrétion, *n.f.* Des tubes excréteurs sont présents à l'intérieur du corps. Il s'agit de tubes de Malpighi, car en arrière ils entrent en connection avec l'intestin postérieur, bien qu'ils se prolongent en caecum en arrière de cette connexion. ***Réf.*** With, 1903a: 164, *pl.* 6 *figs.* 2–4, 10–12, 17; Vitzthum, 1940a: 301–302; Hughes, 1959: 163–164; Coineau & Legendre, 1976 (en préparation). ***E.*** excretion; ***D.*** Exkretion, *n.f.*

Exite, *n.m.* Branche ou excroissance antiaxiale d'un appendice, ou la structure qui en est homologue. On a fait l'hypothèse que la verrue génitale représente l'exite d'un appendice opisthomatique, ***V.*** appendice opisthosomatique, verrue génitale. ***Réf.*** van der Hammen, 1976 (sous presse). ***E.*** exite; ***D.*** Exit, *n.n.*

F

Facies, *n.m.* Apparence générale. ***E.*** facies; ***D.*** Habitus, *n.m.*

Faire le mort. Faire semblant d'être mort, en restant immobile. Quelquefois, au lieu de fuire, un Opilioacaride fait le mort, en appliquant les pattes contre le corps ***V.*** biologie, comportement. ***Réf.*** Grandjean, 1936: 420. ***E.*** to sham death; ***D.*** sich totstellen.

Femelle (*figs.* 3B, 4D, 6; ♀), *n.f.* Animal du sexe qui reproduit l'espèce en produisant des œufs. La femelle adulte des Opilioacarides est caracterisée par la présence d'un ovipositeur. Des caractères quantitatifs chaetotaxiques servent à distinguer les femelles adultes et tritonymphales des exemplaires mâles. ***V.*** adulte, dimorphisme sexuel, ovipositeur, tritonymphe. ***Contr.*** mâle. ***Réf.*** With, 1903a: 167; Grandjean, 1936: 419, 435–436; van der Hammen, 1966: 17–21, *fig.* 5; 1969a: 119, 126–127, *fig.* 3. ***E.*** female; ***D.*** Weibchen, *n.n.*

Fémur (*tabl.* 2, *figs.* 23A, 24A, 26–28, 29C; *F*), *n.m.* Article eudesmatique des palpes et des pattes, entre le trochanter (ou le trochanter 2) et le génual; l'articulation trochantéro-fémorale est bicondylienne. Le fémur des Opilioacarides est divisé, par un anneau basifémoral (une articulation adesmatique), en deux parties: le basifémur et le télofémur (deux articles adesmatiques). ***V.*** anneau basifémoral, basifémur, télofémur. ***Réf.*** With, 1903a: 152–155, *pl.* 5 *figs.* 1–5; Grandjean, 1936: 430; van der Hammen, 1966: 34–47, 54–57, *figs.* 15, 17–19. ***E.*** femur; ***D.*** Femur, *n.n.*

Fente, *n.f.* ***E.*** slit; ***D.*** Spalte, *n.f.*

Fente génitale (*figs.* 4, 6, 11: *og*). Ouverture étroite, transversale, dans la partie ventrale du segment VIII (comme chez la plupart des Arachnides); elle est au niveau des coxae IV. ***V.*** ouverture génitale. ***Réf.*** With, 1903a: 167; Grandjean, 1936: 435; van der Hammen, 1966: 17, *figs.* 2–3, 5A, 6F. ***E.*** genital slit; ***D.*** Genitalspalte.

Foramen (*fig.* 19). Petit endroit mince du cervix, des deux côtés de la selle capitulaire. C'est un trou dans la cuticule, couvert par l'épiostracum. Le foramen contient l'orifice de la glande infracapitulaire; le ductus passe par le trou. ***V.*** glande infracapitulaire, orifice de la glande infracapitulaire. ***Réf.*** van der Hammen, 1966: 28, *fig.* 10. ***E.*** foramen; ***D.*** Foramen, *n.n.*

Formule, *n.f.* Représentation de certaines qualités (surtout des nombres) par des chiffres ou d'autres symboles, en donnant, sous la forme la plus concise, des renseignements précis. Employé, par exemple, dans la phanérotaxie et son aspect ontogénétique. ***V.*** croix mortuaire, signe symbolique. ***E.*** formula; ***D.*** Formel, *n.f.*

Fossé, *n.m.* ***E.*** groove; ***D.*** Graben, *n.m.*

Fossé chélicérien (*fig.* 19: *FC*). Dépression longitudinale de la surface dorsale de l'infracapitulum, des deux côtés de la selle capitulaire; le fossé est bordé, du côté antiaxial, par la grande carêne latérale de l'infracapitulum. De chaque côté, la chélicère s'y loge et y glisse. ***V.*** grande carène latérale de l'infracapitulum, selle capitulaire. ***Syn.*** dépression mandibulaire (Grandjean, 1936). ***Réf.*** Grandjean, 1936: 426, *fig.* 1. ***E.*** cheliceral groove; ***D.*** cheliceraler Graben.

Fossé oculorostral (*fig.* 13A: *FOR*). Dépression longitudinale paire de la surface prodorsale. Le fossé s'étend, des deux côtés, des yeux jusqu'à une petite échancrure du bord antérieur, à la base du rostre. ***Réf.*** *van der Hammen, 1968a: 60, 74, *fig.* 1A. ***E.*** oculorostral groove; ***D.*** oculorostraler Graben.

Fuite, *n.f.* Pour fuir, un Opilioacaride peut courir très vite à reculons; s'il doit fuir en avant, il court moins vite, bien qu'avec agilité. ***V.*** biologie, course, locomotion. ***Réf.*** Grandjean, 1936: 420; 1970: 805. ***E.*** escape; ***D.*** Flucht, *n.f.*

G

Gaine, *n.f.* ***E.*** sheath; ***D.*** Scheide, *n.f.*

Gaine chélicérienne (*figs.* 14, 17, 18C, 19: CX.C). Région paire, membraneuse, constituant un fourreau réversible, grâce auquel la chélicère est susceptible d'effectuer surtout des mouvements longitudinaux. Quand la chélicère se rétracte, elle s'invagine dans la gaine qui est fixe. La gaine représente la région coxale de la chélicère; elle s'attache au cadre chélicérien. ***V.*** cadre chélicérien, région coxale de la chélicère. ***Syn.*** coxa de la mandibule (Grandjean, 1936), Coxa der Chelicere (Vitzthum, 1940), rostrum (p.p.) (With, 1903a). ***Réf.*** With, 1903a: 145, *pl.* 4 *figs.* 4, 5, *pl.* 6 *fig.* 1; Grandjean, 1936: 427, *fig.* 2; van der Hammen, 1966: 24, 71, *figs.* 7, 9. ***E.*** cheliceral sheath; ***D.*** Chelicerenscheide.

Gena, *pl.* **genae** (*fig.* 15: *G*), *n.f.* Partie de la face ventrale de l'infracapitulum. C'est une région sclérotisée, paire, comprise, des deux côtés, entre le menton et les lèvres latérales. Les genae (ou les joues) portent les poils paralabiaux, les poils circumbuccaux et les poils infracapitulaires du milieu. Une joue constitue la partie latéroventrale d'une malapophyse. Chez les Opilioacarides les genae ne sont pas séparées du menton (l'infracapitulum est anarthre); dans le plan de symétrie elles sont séparées par la partie antérieure de la gouttière subcapitulaire. ***V.*** anarthrie, infracapitulum, malapophyse. ***Syn.*** hypostome (p.p.) (Baker, Camin, Cunliffe, Woolley & Yunker, 1958), maxilla (p.p.) (With, 1903a), menton (p.p.) (Grandjean, 1936); mentum (p.p.) (van der Hammen, 1961). ***Réf.*** With, 1903a: 144; Grandjean, 1936: 423; van der Hammen, 1961: 176; 1966: 25, 72, *fig.* 8. ***E.*** gena; ***D.*** Gena, *n.f.*

Génual (*tabl.* 2, *figs.* 23A, 24C, 26–28, 29D: *GE*), *n.m.* Article eudesmatique du palpe et des pattes, entre le fémur et le tibia. Il n'est jamais subdivisé. Dans le cas des pattes, il est de taille relativement petite, et ses articulations basales et terminales peuvent effectuer des flexions importantes. ***Syn.*** patella (With, 1903a; Chamberlin & Mulaik, 1942; Brignoli, 1967), tibia [of the palp] (With, 1903a). ***Réf.*** With, 1903a: 152–155, *pl.* 5 *figs.* 1, 3–5; Grandjean, 1936: 429; van der Hammen, 1966: 34–36, 42–43, *figs.* 14–15, 17–19. ***E.*** genu; ***D.*** Genu, *n.n.*

Glande (*gl*), *n.f.* ***E.*** gland; ***D.*** Drüse, *n.f.*

Glande chélicérienne. Glande paire, plus ou moins tubuleuse (se rétrécissant en avant), qui se trouve dans la partie dorsale du prosoma, s'étendant du bord postérieur du prosoma jusqu'a la base des chélicères. Il est probable que cette glande débouche dans un des mors de la chélicère. ***Syn.*** antennal gland (With, 1903a). ***Réf.*** With, 1903a: 164–165, *pl.* 6 *figs.* 1, 7; Vitzthum, 1940a: 309; Hughes, 1959: 165; van der Hammen, 1966: 33, 71, *fig.* 9; Coineau & Legendre, 1976 (en préparation). ***E.*** cheliceral gland; ***D.*** Chelicerendrüse.

Glande coxale. Glande paire, tubuleuse, fortement tortueuse, qui se trouve, des deux côtés, dans l'espace hémilymphatique latéral du prosoma. Elle débouche derrière le coxa I dans une taenidie sternale paire; ces deux taenidies se prolongent dans la gouttière subcapitulaire (impaire). ***V.*** gouttière subcapitulaire, taenidie sternale. ***Réf.*** With, 1903a: 165, *pl.* 6 *figs.* 3, 7, 15; Grandjean, 1936: 423, *fig.* 3B; Vitzthum, 1940a: 309; Kaestner, 1956: 624n; van der Hammen, 1966: 21–22, *fig.* 2; Woodring, 1973: 427; Coineau & Legendre, 1976 (en préparation). ***E.*** coxal gland; ***D.*** Coxaldrüse.

Glande infracapitulaire. Glande 'salivaire', paire, assez longue et cylindrique, qui se trouve dans la partie dorsale du stéthosoma. Elle débouche dans le cervix, dans un endroit appelé foramen, des deux côtés de la selle capitulaire. Le ductus de chaque glande passe par la chambre pharyngienne. ***V.*** foramen, orifice de la glande infracapitulaire. ***Syn.*** maxillary gland (With, 1903a; Vitzthum, 1940a). ***Réf.*** With, 1903a: 105, *pl.* 6 *figs.* 2, 7; Grandjean, 1936: 427–428; Vitzthum, 1940a: 309; Hughes, 1959: 165; van der Hammen, 1966: 27–28, 72, *figs.* 9–10, 12. Coineau & Legendre, 1976 (en préparation). ***E.*** infracapitular gland; ***D.*** infracapituläre Drüse.

Glande labiale. Glande dont deux paires se trouvent dans l'infracapitulum (dans la chambre pharyngienne). Les glandes labiales longent le pharynx et débouchent dans les lèvres latérales; les orifices se trouvent dans la paroi paralatérodorsale. ***V.*** lèvres latérales, orifices des glandes labiales. ***Réf.*** Grandjean, 1936: 423, *fig.* 1; van der Hammen, 1966: 30, *fig.* 11; Coineau & Legendre, 1976 (en préparation). ***E.*** labial gland; ***D.*** Labialdrüse.

Glandes 'en fer à cheval'. Ces glandes (décrites par With) n'existent pas. En effet, With a tenu les régénérats des pattes marcheuses pour des glandes. ***V.*** régénération. ***Syn.*** Speichel-Drüsen (Vitzthum, 1931). ***Réf.*** With, 1903a: 165–166, *pl.* 6 *figs.* 7, 8, 14; Vitzthum, 1931: (3)11; 1940a: 310; Coineau & Legendre, 1975: 41–43, *pl.* 1. ***E.*** horse-shoe-glands; ***D.*** hufeisenförmige Drüsen.

Gnathosoma (*figs.* 13B, 14–17, 18B, C, 19–21), *n.m.* Partie du corps, en avant du sillon circumcapitulaire, portant les chélicères et les palpes. C'est l'ensemble des pièces buccales. Ce n'est pas un tagma, mais une partie du corps qui, secondairement, est devenue mobile. Le gnathosoma se compose de deux parties: le cadre chélicérien et l'infracapitulum. ***V.*** cadre chélicérien, infracapitulum. ***Syn.*** capitulum (Grandjean, 1936; Snodgrass, 1948; Naudo, 1963), pseudocapitulum (With, 1903a; Chamberlin & Mulaik, 1942; Naudo, 1963). ***Réf.*** With, 1903a: 143–147, *pl.* 4

figs. 3–5; Vitzthum, 1931: (3)9; 1940: 44, 50, *figs.* 10, 11; Grandjean, 1936: 422–428, *figs.* 1–3; Snodgrass, 1948: 65–67, *fig.* 23; Hughes, 1959: 145; van der Hammen, 1961: 176; 1966: 23–32, 72, *figs.* 7–12; 1970b: 17–18, *fig.* 1B. ***E.*** gnathosoma; ***D.*** Gnathosoma, *n.n.*

Gosier (*go*), *n.m.* Ouverture antérieure ou entrée du pharynx, située au niveau de la base du labre. C'est le fond de la bouche. ***V.*** bouche, cavité préorale, gouttière, labiale, pharynx. ***Réf.*** *Grandjean, 1938a: 69. ***E.*** gullet; ***D.*** Schlund, *n.m.*

Gouttière, *n.f.* ***E.*** gutter; ***D.*** Rinne, *n.f.*

Gouttière labiale (*LG*). Partie de la bouche en avant du gosier, c'est-à-dire l'espace compris entre l'entrée du pharynx, et la commissure inférieure de la bouche (qui est un peu plus avancée que les commissures supérieures). Chez les Opilioacarides la gouttière labiale est assez petite. ***V.*** bouche, cavité préorale, gosier. ***Réf.*** *van der Hammen, 1964: 20–23, 51, *figs.* 10A, C, 11A, 12. ***E.*** labial gutter; ***D.*** Labialrinne.

Gouttière subcapitulaire (*figs.* 15, 16, 20: *sg*). Taenidie médiane, impaire, assez profonde, de la face ventrale de l'infracapitulum. La gouttière prolonge les taenidies sternales et se rend vers la cavité préorale. Elle s'étend sur la longueur totale de la face ventrale. Le prolongement postérieur de la taenidie est marqué, sur la peau molle entre le gnathosoma et l'idiosoma, par une double file de granules qui conduisent à la base des sternapophyses. Apparemment la gouttière sert au transport des produits des deux glandes coxales. ***V.*** glande coxale, taenidie sternale. ***Syn.*** canal podocéphalique (p.p.) (Grandjean, 1944), chitinous tube *tu* (With, 1903a), deutosternum (Hughes, 1959), gouttière sternale du menton *g. ax.* (Grandjean, 1936), Hypostomrinne (Vitzthum, 1940), organe adaxial (p.p.) (Naudo, 1963), subcapitular groove (van der Hammen, 1966). ***Réf.*** With, 1903a: 146, *pl.* 6 *fig.* 6; Grandjean, 1936: 422–423, *fig.* 3A; 1944: 144, 146; 1970: 812; Vitzthum, 1940: 49–51, *figs.* 10, 11; van der Hammen, 1966: 25, 75, *fig.* 8. ***E.*** subcapitular gutter; ***D.*** subcapituläre Rinne.

Grande carène latérale de l'infracapitulum (*figs.* 19, 20: *gc*). Grande carène qui sépare, des deux côtés, les surfaces dorsale et ventrale de l'infracapitulum, et sur laquelle est inséré le palpe. En avant du palpe (où la carène fait partie des malapophyses) elle est très forte et très saillante. En arrière du palpe, elle est plus large qu'en avant. ***V.*** infracapitulum, malapophyse. ***Réf.*** Grandjean, 1936: 416. ***E.*** large lateral ridge of the infracapitulum; ***D.*** grosser lateraler Kiel des Infracapitulum.

Griffe (*figs.* 23B–E, 24E, 25–28, 31), *n.f.* Ensemble des ongles et de la pièce basilaire (l'apotèle). Chez les Opilioacarides la griffe des pattes et du palpe est bidactyle dès la larve (la patte IV n'apparaît qu'à la protonymphe). ***V.*** ambulacre, apotèle, bidactyle, ongle. ***Syn.*** ongle (Grandjean, 1936). ***Réf.*** With, 1903a; 148, 151, 156, *pl.* 4 *fig.* 9, *pl.* 5 *figs.* 2, 6; Grandjean, 1936: 429, *fig.* 5A; 1948: 310n; van der Hammen, 1966: 34, 38, *figs.* 14B–E, 15E, 16–18, 21. ***E.*** claw; ***D.*** Klaue, *n.f.*

Groupe, *n.m.*

Groupe oculaire (*figs.* 5, 7, 9A, 13A, C). Ensemble de deux ou (rarement) trois yeux, qui se trouve chez les Opilioacarides, des deux côtés, sur le prodorsum, dans une tache oculaire de pigment violet. ***V.*** œil, tache oculaire. ***Réf.*** van der Hammen, 1966: 12, *fig.* 4A; 1968a: 60, *fig.* 1A, C. ***E.*** eye group; ***D.*** Augengruppe, *n.f.*

H

Habitat, *n.m.* Ensemble des conditions de terrain propres à la vie d'une espèce (ou d'une biocénose). Dans le cas des Opilioacarides, il y a, en général, deux types d'habitat: le terrain aride, sous des pierres (*Opilioacarus*, par exemple), et la litière des forêts tropicales (et même sur des arbustes) (*Panchaetes*, par exemple). ***V.*** écologie. ***Réf.*** Grandjean, 1936: 420; Vitzthum, 1941: 302; Naudo, 1963: 20, 22, 23; Krantz, 1971: 62. ***E.*** habitat; ***D.*** Habitat, *n.m.*

Hypoderme, *n.m.* Couche vivante du tégument, qui sécrète la cuticule et le cérotégument. C'est une couche cellulaire, située immédiatement audessous de la cuticule, et qui correspond à l'épiderme d'autres animaux. (Apparemment les auteurs mentionnés ci-dessous ont inclu les tissus sous-tégumentaires dans leurs observations sur l'hypoderme). ***V.*** tégument. ***Réf.*** Vitzthum, 1940: 129; van der Hammen, 1966: 7. ***E.*** hypodermis; ***D.*** Hypodermis, *n.f.*

I

Idionymie, *n.f.* Capacité pour un organe de recevoir une désignation qui ne soit pas collective et qui permet de le reconnaître parmi ses homotypes, soit au cours du développement ontogénétique, soit d'un taxon à un autre, dans un groupe naturel. ***Contr.*** adélonymie. ***Réf.*** Grandjean, 1949: 801. ***E.*** idionymy; ***D.*** Idionymie, *n.f.*

Idiosoma (*figs.* 5–7), *n.m.* Le corps sans le gnathosoma. Il est composé de parties des métamères préchélicériens, de parties des segments I et II, et des segments III–XIX entiers. L'idiosoma n'est pas un tagma, mais une formation secondaire des Acariens. ***Réf.*** van der Hammen, 1966: 8–10, *figs.* 1–3; 1969a: 115–119, *fig.* 2; 1970: 4–5, *fig.* 1B. ***E.*** idiosoma; ***D.*** Idiosoma, *n.n.*

Idiotrichie, *n.f.* Arrangement idionymique de poils. Dans le cas des Opilioacarides, l'idiotrichie comprend la prototrichie et la néotrichie idionymique. ***V.*** cosmiotrichie, idionymie, néotrichie, prototrichie. ***Contr.*** atactotrichie. ***Réf.*** *Grandjean, 1965: 715; van der Hammen, 1975: 381; 1976 (sous presse). ***E.*** idiotrichy; ***D.*** Idiotrichie, *n.f.*

Illustration, *n.f.* Une étude sur les Opilioacarides peut être illustrée de dessins (de plusieurs types), de photographies, et de micrographies (les dernières obtenues à l'aide du microscope à balayage). Un dessin peut être une synthèse d'une somme de données, tandis que la photographie nous donne une simple image de l'objet. Grâce aux grossissements très forts, la micrographie ouvre des possibilités nouvelles en ce qui concerne l'étude des caractères de surface; elle peut servir aussi à l'illustration (le grossissement étant faible) de l'ornementation du tégument. ***V.*** dessin, micrographie, photographie. ***E.*** illustration; ***D.*** Illustration, *n.f.*

Immature (*figs.* 2, 3A, 4A–C), *adj.* Qui n'a pas atteint la maturité. Chez les Opilioacarides il y a cinq stases immatures, caractérisées par l'absence ou le développement incomplet des organes sexuels primaires et secondaires (bien que les tritonymphes soient sexuées). Chaque stase immature est plus ou moins caractérisée par sa chaetotaxie. ***V.*** adulte, deutonymphe, larve, prélarve, protonymphe, tritonymphe. ***Contr.*** adulte. ***Réf.*** van der Hammen, 1969a: 121–122, 126–127, *fig.* 3; Coineau, 1973: 1181–1184, *figs.* 1–2. ***E.*** immature; ***D.*** unreif.

Impair (*figs.* 5, 7, 27–29, 30A, C), *adj.* Chez les Opilioacarides des nombres impairs d'organes sont assez communs (par hasard) à cause de la primordiotaxie et de la pléthotaxie des organes cuticulaires. Un organe impair idionymique est constitué par le poil dorsal impair pd_x du segment XVIII, inséré dans le plan de symétrie. Certains articles des pattes présentent des phanères dorsaux impairs insérés dans le plan de pseudosymétrie. ***Réf.*** van der Hammen, 1966: 17, 58, *figs.* 1, 3, 17–20; 1969a: 115. ***E.*** unpaired; ***D.*** unpaar.

Infracapitulum (*figs.* 15–17, 19), *n.m.* Partie ventrale du gnathosoma, portant le labre, les lèvres latérales et les palpes; elle contient la bouche et le pharynx. On peut distinguer les régions suivantes: le menton, le cervix, les grandes carènes latérales et les malapophyses (dont le sclérite latéroventral s'appelle gena ou joue). L'infracapitulum comprend la région coxisternale du segment palpien, ainsi que des éléments d'origine préchélicérienne (le labre par exemple). La limite entre l'infracapitulum et le cadre chélicérien est constituée par le sillon épimérique sous-chélicérien; à l'intérieur, les deux parties sont séparées par l'apodème capitulaire. ***V.*** apodème capitulaire, bouche, cadre chélicérien, cervix, gena, gnathosoma, grande carène latérale de l'infracapitulum, labre, lèvres latérales, malapophyse, menton, poils infracapitulaires, région coxale du palpe, sillon épimérique sous-chélicérien. ***Syn.*** cône buccal (Grandjean, 1936), coxae of pedipalpal appendages (Hughes, 1959), maxilla (Chamberlin & Mulaik, 1942), maxillae (With, 1903a; Silvestri, 1905; Vitzthum, 1931), maxille (Naudo, 1963), pars maxillaris gnathopodum (Silvestri, 1905), pedipalp coxae (Snodgrass, 1948), subcapitulum (Johnston, 1968; Krantz, 1971). ***Réf.*** Grandjean, 1936: 422–428, *figs.* 1–2, 3A, B; van der Hammen, 1961: 176; 1966: 24–32, 72, *figs.* 8–12. ***E.*** infracapitulum; ***D.*** Infracapitulum, *n.n.*

Ingestion, *n.f.* Action d'introduire des aliments par la bouche dans les voies digestives. Les Opilioacarides, comme les autres Acariens à rutellums, ne pratiquent pas la digestion externe; dans le tube digestif on trouve des restes solides d'aliments ingérés. ***V.*** alimentation, biologie, manducation, rutellum. ***Réf.*** Grandjean, 1957: 273. ***E.*** ingestion; ***D.*** Nahrungsaufnahme, *n.f.*

Insertion, *n.f.* ***E.*** insertion; ***D.*** Insertion, *n.f.*

Insertion musculaire. Attache d'un muscle. Dans le cas d'attache à l'ectosquelette, la marque externe, en forme d'impression arrondie, s'appelle sigille. ***V.*** sigille. ***Réf.*** van der Hammen, 1966: 8–16, *figs.* 1–3. ***E.*** muscle insertion; ***D.*** Muskelinsertion.

L

Labellum (*fig.* 20: *LA*), *n.m.* Petit lobe paralatérodorsal des lèvres latérales. ***V.*** bouche, cavité préorale, cervix, infracapitulum, lèvres latérales. ***Réf.*** *van der Hammen, 1966: 30, 72, *fig.* 11. ***E.*** labellum; ***D.*** Labellum, *n.n.*

Labre (*figs.* 14–17, 18B, C, 19–20: *LS*), *n.m.* Lèvre supérieure. C'est un organe assez grand et épais à paroi chitineuse mince et différenciée (surtout à la face inférieure ou on trouve des papilles dentiformes assez grosses). La face ventrale du labre prolonge la paroi dorsale du pharynx; la paroi dorsale prolonge le cervix (la limite postérieure du labre n'est pas précise). ***V.*** infracapitulum. ***Syn.*** Epipharynx (Vitzthum, 1940), radula-like organ (Baker & Wharton, 1952). ***Réf.*** With, 1903a: 146, *pl.* 4 *figs.* 4, 6, 8; Grandjean, 1936: 424–425, *figs.* 1–2; van der Hammen, 1966: 27–29, 72, *figs.* 8–11. ***E.*** labrum; ***D.*** Labrum, *n.n.*

Larve (*fig.* 2B; *la*), *n.f.* Deuxième stase du développement postembryonnaire (seule stase de la phase larvaire), caractérisée par la présence de trois paires de pattes, et la régression de la quatrième paire. À la place de la quatrième paire il y a, chez les Opilioacarides, une paire de moignons (les pattes IV sont moins régressives que chez les autres Acariens). La pince chélicérienne, le rutellum et l'organe de With présentent des caractères de régression; apparemment la larve répresente le commencement d'une élattostase. La régression de la larve est un phénomène de protélattose. La larve est caractérisée, en outre, par l'absence de stigmates et l'absence de poils sur les verrues sternales et génitales. ***V.*** cycle vital, développement postembryonnaire, élattostase, protélattose. ***Réf.*** Naudo, 1963: 20–22, *figs.* 12–14; van der Hammen, 1969a: 126–127; Coineau, 1973: 1184, *fig.* 2; Coineau & van der Hammen, 1976 (sous presse). ***E.*** larva; ***D.*** Larve, *n.f.*

Lettres grecques (annexe 2). Dans la description d'un Opilioacaride, on emploie les lettres grecques suivantes: α (alpha), antiaxial; θ (thêta), solénidion du fémur; κ (kappa), coronidion; π (pi), paraxial; φ (phi), solénidion du tibia; ω (oméga), solénidion du tarse. ***V.*** abréviations, désignation, notation, signes symboliques. ***E.*** Greek letters; ***D.*** griechische Buchstaben.

Lèvre, *n.f.* ***E.*** lip; ***D.*** Lippe, *n.f.*

Lèvres latérales (*figs.* 15–17, 18B, C, 19–20: *LL*). Protubérance paire, latéroventrale de l'infracapitulum, en forme de lobe charnu et épais. Les lèvres latérales entourent la cavité préorale du côté latéroventral. Leur paroi interne prolonge la paroi latéroventrale du pharynx; leur paroi externe prolonge les genae. La surface de chaque lèvre latérale est mamelonnée, et présente deux orifices de glandes, à position paralatérodorsale. Une partie du bord paralatérodorsal constitue un petit lobe, le labellum. Les lèvres latérales représentent peut-être la paire d'endites des palpes. ***V.*** bouche, cavité préorale, endites prosomatiques, infracapitulum, gena, glande labiale, labellum, pharynx. ***Syn.*** hypostome (Snodgrass, 1948), lateral lobes (With, 1903a), paralabra (Vitzthum, 1940; Hughes, 1959). ***Réf.*** With, 1903a: 146; Grandjean, 1936: 416, 423, *figs.* 1–2, 3A; van der Hammen, 1966: 25, 30, 32, 73, *figs.* 8–11. ***E.*** lateral lips; ***D.*** Laterallippen.

Ligne, *n.f.* ***E.*** line; ***D.*** Linie, *n.f.*

Ligne d'attache du cadre chélicérien à l'infracapitulum (*fig.* 19: *at*). Ligne selon laquelle la membrane molle du cadre chélicérien s'attache à la cuticule sclérotisée du cervix. C'est le fond du mince intervalle entre le cadre chélicérien et l'infracapitulum (le fond du sillon épimérique sous-chélicérien). ***V.*** apodème capitulaire, cadre chélicérien, cervix, infracapitulum, sillon épimérique sous-chélicérien. ***Réf.*** van der Hammen, 1966: 29, *fig.* 10. ***E.*** line of attachment of the cheliceral frame to the infracapitulum; ***D.*** Linie der Anheftung des cheliceralen Rahmens an das Infracapitulum.

Lobe, *n.m.* ***E.*** lobe; ***D.*** Lobus, *n.m.*

Lobe rostral (*figs.* 17, 18C: *RL*). Partie antérieure (rostrale) de l'aspidosoma, en forme de lobe élevé, portant plusieurs poils papilliformes. Le bord antérieur (frontal) passe dans le tégulum, la partie postérieure prolonge le prodorsum. Le lobe rostral ne s'est pas toujours développé. ***V.*** aspidosoma, prodorsum, rostre. ***Réf.*** *van der Hammen, 1966: 10, *fig.* 3. ***E.*** rostral lobe; ***D.*** Rostrallobus.

Lobe suprapédieux** (*fig.* 7: TL_{1-3}). Lobe charnu et assez épais, qui se trouve, au nombre de trois paires, dans la région latérale du podosoma, au-dessus des coxae I, II et III. Les deux paires postérieures sont peut-être associées aux apophyses dorsales des trochanters II et III. ***V. apophyse dorsale du trochanter. ***Syn.*** pedopectal lobe (van der Hammen, 1966), rounded prominence on lateral margin of thorax (Chamberlin & Mulaik, 1942). ***Réf.*** Grandjean, 1936: *fig.* 4; Chamberlin & Mulaik, 1942: 128, *pl.* 2 *fig.* 12; van der Hammen, 1966: 22–23, 73, *fig.* 3. ***E.*** suprapedal lobe; ***D.*** suprapedaler Lobus.

Localité-type. Les localités-type des Opilioacarides décrits sont les suivantes: 'Algeria Maima' (*Opilioacarus segmentatus* With); Monte Pélégrino, près de Palerme, Sicile (*Opilioacarus italicus* (With)); Aden, 'Arabia felix' (*Adenacarus arabicus* (With)); Posadas, Argentine, et Salto, Uruguay (*Opilioacarus platensis* Silvestri); 'Semiretshje, Alexander-Bergkette, Schlucht des Flusses Tujuk', Kirgizya (*Paracarus hexopthalmus* (Redikorzev)); Edinburg, Hidalgo County, Texas, U.S.A. (*Opilioacarus texanus* (Chamberlin & Mulaik)); Duncan, Arizona, U.S.A. (*Opilioacarus arizonicus* (Chamberlin & Mulaik) = *O. texanus*); Forêt du Banco, Côte d'Ivoire (*Panchaetes papillosus* (André)); environs de Dundo, Angola (*Panchaetes dundoensis* Naudo). ***E.*** type-locality; ***D.*** Locus typicus, *n.m.*

Locomotion, *n.f.* Selon les circonstances, les Opilioacarides sont capables de marcher lentement sans hâte, de courir très vite à reculons, ou de courir en avant (moins vite, mais très agile). ***V.*** biologie, course, marche. ***Réf.*** Grandjean, 1936: 420, 439; 1970: 805. ***E.*** locomotion; ***D.*** Locomotion, *n.f.*

Lyrifissure (*figs.* 9F–H, 30C–D; *i*), *n.f.* Organe tégumentaire de nature probablement sensorielle. En général (surtout quand la cuticule est bien sclérotisée), elle est en forme d'une petite fissure, fermée à l'extérieur par l'épiostracum. Souvent, on peut distinguer une petite cavité interne, et un canal allongé. Une lyrifisseure peut être logée dans une petite dépression de la cuticule. Dans le cas d'une cuticule molle, la forme générale peut être plus arrondie; dans ce cas on parle de cupule. Chez les Opilioacarides il y a des lyrifissures dans le tégument de l'opisthosoma (généralement en rangées transversales), dans la région sternale, et sur les appendices (elles peuvent être associées à des articulations adesmatiques). ***V.*** anneau basifémoral, articulation adesmatique, cupule, opisthosoma, scissure basitarsale, scissure mésotibiale. ***Syn.*** common fissure (With, 1903a), fissure (Grandjean, 1936), fissure lyriforme (Grandjean, 1936), indentation (Hughes, 1959), lyriform area (With, 1903a), lyriform fissure (With, 1903a; Chamberlin & Mulaik, 1942), organe lyriforme (Grandjean, 1936), transverse groove on ventral surface of leg (Chamberlin & Mulaik, 1942). ***Réf.*** With, 1903a: 141–142, *pl.* 4 *figs.* 17, 19, *pl.* 5 *fig.* 13; Grandjean, 1935: 204–207, *fig.* 3; 1936: 422, 430–432, 436–438; van der Hammen, 1961: 175–176; 1966: 9–10, 16–17, 22, 32, 34, 36, 38, 73, *figs.* 1–3, 4F–H, 5, 13–15, 17–20. ***E.*** lyrifissure; ***D.*** Lyrifissur, *n.f.*

M

Malapophyse (*figs.* 19–20: *MA*), *n.f.* Région antérieure, paire, de l'infracapitulum. La surface dorsale prolonge le cervix, la surface ventrale le menton; la grande carène latérale (qui sépare les deux surfaces) continue sur la malapophyse (elle est très forte et très saillante). La partie latéroventrale s'appelle gena; chez les Opilioacarides, les genae ne sont pas séparées du menton (l'infracapitulum est anarthre). Ventralement les deux malapophyses sont séparées, dans le plan de symétrie, par la partie antérieure de la gouttière subcapitulaire. La cavité interne des malapophyses s'appelle cavité malaire. Les malapophyses portent une partie des poils infracapitulaires (parmi lesquels il y a le rutellum et l'organe de With). Chez les Opilioacarides, les malapophyses sont relativement petites. ***V.*** anarthrie, cavité malaire, cervix, gena, grande carène latérale de l'infracapitulum, infracapitulum, menton, poils infracapitulaires. ***Réf.*** *van der Hammen, 1972: 14, *fig.* 7. ***E.*** malapophysis; ***D.*** Malapophyse, *n.f.*

Mâle (*fig.* 4E; ♂), *n.m.* Animal appartenant au sexe doué du pouvoir de fécondation. Le mâle adulte des Opilioacarides est caractérisé par le complet développement de la fente génitale, et par l'absence d'ovipositeur. Des caractères quantitatifs chaetotaxiques, en outre, servent à distinguer le mâle adulte de la femelle et des nymphes. (En général, la région prégénitale du mâle adulte présente un assez grand nombre de poils papilliformes, la région génitale un assez grand nombre de poils composites). ***V.*** dimorphisme sexuel, nymphe, tritonymphe. ***Contr.*** femelle. ***Réf.*** With, 1903a: 167–169, *pl.* 6 *figs.* 2–4, 8–10, 16–19; Grandjean, 1936: 419, 435–436; van der Hammen, 1966: 17–19; 1969a: 119, *fig.* 3E. ***E.*** male; ***D.*** Männchen, *n.n.*

Manducation, *n.f.* Ensemble des opérations antérieures à la digestion. Chez les Opilioacarides les rôles des organes de la manducation sont probablement les suivants. La chélicère est un organe préhenseur. Le rôle du rutellum est apparemment de racler la face antiaxiale de la chélicère, en face des mors; c'est en association avec la chélicère que le rutellum (et probablement l'organe de With) servent à la manducation. Il est probable qu'un Opilioacaride déverse sur les morceaux de sa nourriture, avant de les aspirer, un liquide digestif. ***V.*** alimentation, digestion, ingestion, nourriture. ***Réf.*** Grandjean, 1936: 421–422; 1957: 273; 1970: 813. ***E.*** mastication; ***D.*** Mastikation, *n.f.*

Marche, *n.f.* Action de se déplacer par mouvements et appuis successifs des pattes. La marche normale d'un Opilioacaride est lente, sans hâte, d'allure circonspecte; il tâte constamment le sol avec ses longues pattes I. ***V.*** course, locomotion. ***Réf.*** Grandjean, 1936: 420; 1970: 805. ***E.*** walk; ***D.*** Gang, *n.m.*

Mensuration (*fig.* 1A, B), *n.f.* Les déterminations recommandées des dimensions d'un Opilioacaride sont les suivantes. La longueur de l'idiosoma (en orientation dorsale) est prise du bord antérieur du lobe rostral jusqu'au bord postérieur du segment XVIII (la longueur du tubercule anal en position étendue est mentionnée à part). La largeur de l'idiosoma est prise à l'endroit le plus large (en arrière des stigmates 4). La longueur des appendices est obtenue en totalisant les longueurs des articles, prises d'un point d'articulation à un autre; en général on commence par le trochanter, et on continue jusqu'à l'apotèle inclusivement (mais sans les ongles). Il est utile de faire aussi mention du rapport entre la longueur et la largeur de l'idiosoma, et de la longueur relative des pattes (en rapport avec la longueur de l'idiosoma). ***V.*** convention. ***E.*** measurement; ***D.*** Messung, *n.f.*

Menton (*figs.* 15, 16: *H*), *n.m.* Région postérieure de la face ventrale de l'infracapitulum, en arrière de la bouche et des acetabula des palpes. En avant il passe, sans interruption, dans les genae (qui sont assez petites chez les Opilioacarides, tandis que le bord entre le menton et les genae n'est pas distinct). Le menton contient une taenidie médiane, profonde: la gouttière subcapitulaire. Il porte une partie des poils infracapitulaires. ***V.*** gena, infracapitulum. ***Syn.*** hypostome (p.p.) (Baker, Camin, Cunliffe, Woolley & Yunker, 1958; Krantz, 1971), menton (p.p.) (Grandjean, 1936), mentum (p.p.) (van der Hammen, 1961), ventral side of the fused maxillae (p.p.) (With, 1903a). ***Réf.*** With, 1903a: 146; Grandjean, 1936: 416, 422–424, *figs.* 1, 2; van der Hammen, 1961: 176; 1966: 25, 73, *fig.* 8. ***E.*** mentum; ***D.*** Mentum, *n.n.*

Métamère, *n.m.* Chacun des éléments successifs, homonomes, du corps, défini en principe embryologiquement par la présence d'une paire de sacs coelomiques. Chez les Acariens il est préférable de parler de métamères dans le cas des segments préchélicériens, afin de les distinguer des segments I–XIX. ***V.*** segment. ***E.*** metamere ; ***D.*** Metamer, *n.n.*

Micrographie (*pls.* I, II), *n.f.* Les micrographies, obtenues à l'aide du microscope à balayage, servent à l'étude de caractères de surface, soit aux grossissements très forts (ouvrant des possibilités nouvelles), soit aux grossissements plus faibles (servant par exemple à l'illustration de l'ornementation de la cuticule ou de la forme des poils). ***V.*** dessin, illustration, photographie. ***E.*** micrograph ; ***D.*** Mikrographie, *n.f.*

Microsculpture (*pl.* I *fig.* 1, *pl.* II *figs.* 1–4), *n.f.* Ensemble des saillies et des creux d'une surface (de la cuticule, par exemple). ***V.*** coniculé. ***Syn.*** ornementation. ***E.*** microsculpture ; ***D.*** Mikroskulptur, *n.f.*

Monocondylien (*fig.* 30A), *adj.* Qualifie une articulation (eudesmatique ou adesmatique) munie d'un seul condyle. ***V.*** articulation monocondylienne. ***Réf.*** Couzijn, 1974 : 382. ***E.*** monocondylar ; ***D.*** monocondyl.

Monodesmatique (*fig.* 30A), *adj.* Se dit d'une articulation eudesmatique, entre deux articles, munie d'un seul tendon attaché à la base de l'article distal. ***V.*** articulation monodesmatique. ***Réf.*** *Couzijn, 1974 : 381–382. ***E.*** monodesmatic ; ***D.*** monodesmatisch.

Monovalent, *adj.* Qualifie une articulation (eudesmatique ou adesmatique) qui ne permet que des mouvements de flexion et d'extension. ***V.*** articulation monovalente. ***Réf.*** van der Hammen, *1966 : 55–57, 73 ; 1970a : 11. ***E.*** monovalent ; ***D.*** monovalent.

Mors, *n.m.* Chacune des mâchoires de la pince chélicérienne. ***V.*** chélicère, pince chélicérienne. ***Syn.*** bit (van der Hammen, 1966), brachium chelae (Silvestri, 1905), finger (With, 1903a), Finger (Redikorzev, 1937). ***Réf.*** With, 1903a : 149, *pl.* 4 *fig.* 10 ; Grandjean, 1935 : *fig.* 3D ; 1936 : 428, *fig.* 2 ; van der Hammen, 1966 : 32–33, *fig.* 13. ***E.*** jaw ; ***D.*** Morsus, *n.m.*

Mors fixe (*fig.* 22). Mâchoire supérieure, fixe, de la pince chélicérienne. C'est la partie distale du corps chélicérien. ***V.*** pince chélicérienne. ***Syn.*** brachium superum chelae (Silvestri, 1905), digitus fixus (Hughes, 1959), Digitus fixus (Vitzthum, 1940), doigt fixe (Grandjean, 1947), fester Finger (Redikorzev, 1937), fixed bit (van der Hammen, 1966), upper finger (With, 1903a). ***Réf.*** With, 1903a : 149, *pl.* 4 *fig.* 10 ; Grandjean, 1947 : 350n ; van der Hammen, 1966 : 32–33, *fig.* 13. ***E.*** fixed jaw ; ***D.*** Morsus fixus.

Mors mobile (*fig.* 22). Mâchoire inférieure, mobile, de la pince chélicérienne, représentant l'apotèle. L'articulation avec le corps chélicérien est bidesmatique (il y a un tendon supérieur t_s et un tendon inférieur t_i). ***V.*** pince chélicérienne. ***Syn.*** beweglicher Finger (Redikorzev, 1937), brachium inferum chelae (Silvestri, 1905), lower finger [of antennae] (With, 1903a), movable bit (van der Hammen, 1966), Tarsus [der Mandibulae] (Vitzthum, 1931). ***Réf.*** With, 1903a : 149, *pl.* 4 *figs.* 10 ; van der Hammen, 1966 :

32–33, *fig*. 13. ***E.*** movable jaw; ***D.*** Morsus mobilis.

Mucroné (*fig*. 30C, D.), *adj*. Qui se termine soudainement par une petite pointe. ***V.*** poil mucroné. ***Syn.*** bearing a small pointed 'hair' (With, 1903a). ***Réf.*** With, 1903a: 143, *pl*. 4 *figs*. 11–13; Grandjean, 1936: 430, 433, 435, 443; van der Hammen, 1966: 38, 40, 42–43, 46–47, 57–58, 73. ***E.*** mucronate; ***D.*** mucronat.

Mue, *n.f.* Changement de cuticule (l'hypoderme persiste), par exemple périodiquement au cours du développement postembryonnaire. Les détails de ce processus ne sont pas encore étudiés chez les Opilioacarides. ***E.*** moult; ***D.*** Häutung, *n.f.*

Muscle, *n.m.* ***E.*** muscle; ***D.*** Muskel, *n.m.*

Muscle abaisseur. Muscle attaché au tendon inférieur d'une articulation bidesmatique, bicondylienne et bivalente. ***V.*** bicondylien, bidesmatique, bivalent. ***Réf.*** Camin, Clark & Gorirossi Bourdeau, 1958: 905, 907; van der Hammen, 1966: 35, 72. ***E.*** depressor muscle; ***D.*** Depressor, *n.m.*

Muscle élévateur. Muscle attaché au tendon supérieur d'une articulation bidesmatique, bicondylienne et bivalente. ***V.*** bicondylien, bidesmatique, bivalent. ***Réf.*** Camin, Clark & Gorirossi Bourdeau, 1958: 905–907; van der Hammen, 1966: 35–38, 72. ***E.*** elevator muscle; ***D.*** Levator, *n.m.*

Muscle fléchisseur. Muscle attaché au tendon d'une articulation monodesmatique, monocondylienne et monovalente. ***V.*** monocondylien, monodesmatique, monovalent. ***Réf.*** Camin, Clark & Gorirossi Bourdeau, 1958: 905, 907; van der Hammen, 1966: 36, 72. ***E.*** flexor muscle; ***D.*** Flexor, *n.m.*

Musculature, *n.f.* Ensemble et disposition des muscles. Notre connaissance de la musculature des Opilioacarides est fragmentaire. Le glossaire ne fait mention que d'une partie des muscles appendiculaires. ***Réf.*** With, 1903a: 158–160, *pl*. 5 *fig*. 13; Vitzthum, 1931: (3)10; 1940: 119; André, 1949: 818. ***E.*** musculature; ***D.*** Muskulatur, *n.f.*

N

Néotrichie, *n.f.* Formation secondaire de poils, dans un territoire, par la multiplication de poils préexistant dans ce territoire (les poils préexistant étant primitifs ou non). Les poils néotriches peuvent être disposés dans un ordre simple et reconnaissable (cosmiotrichie, les poils peuvent être idionymiques) ou sans ordre reconnaissable (les poils sont toujours adélonymiques). Dans le cas des poils adélonymiques de l'idiosoma des Opilioacarides, il y a deux hypothèses concernant leur origine: celle de la néotrichie et celle de la primordiotrichie. ***V.*** adélonymie, atactotrichie, cosmiotrichie, idionymie, idiotrichie, primordiotrichie. ***Contr.***

prototrichie. ***Réf.*** Grandjean, 1965: 714. ***E.*** neotrichy; ***D.*** Neotrichie, *n.f.*

Notation (annexes 2, 3), *n.f.* Manière de marquer par des symboles (abréviations, lettres grecques, signes symboliques, etc.), servant à faire distinguer un organe ou une stase, par exemple, de tous les autres; c'est en même temps le système des symboles. ***V.*** abréviations, désignation, lettres grecques, signes symboliques. ***Réf.*** van der Hammen, 1966: 76–77; 1968a: 74; 1969a: 130. ***E.*** notation; ***D.*** Beschriftung, *n.f.*

Nourriture, *n.f.* Parmi les choses ingérées par les Opilioacarides il y a surtout des grains de pollen et des fragments de petits Arthropodes (peut-être se contentent-ils de proies mortes). ***V.*** alimentation, ingestion, manducation. ***Réf.*** With, 1903a: 163–164; Grandjean, 1936: 421–422; Redikorzev, 1937: 12; Vitzthum, 1941: 524; van der Hammen, 1966: 7–8; Krantz, 1971: 62. ***E.*** food; ***D.*** Nahrung, *n.f.*

Nymphe (*figs.* 2, 3A, 4A–C; *n*), *n.f.* Troisième, quatrième ou cinquième stase du développement postembryonnaire, caractérisée par la présence de quatre paires de pattes, et par un développement incomplet de la région génitale. Les trois nymphes font partie d'une phase nymphale. Puisque le niveau de base de plusieurs organes est connu (il y a des organes dont le niveau de base est protonymphal, d'autres dont le niveau de base est deutonymphal, etc.), les trois nymphes sont faciles à distinguer. ***V.*** cycle vital, deutonymphe, développement postembryonnaire, protonymphe, tritonymphe. ***E.*** nymph; ***D.*** Nymphe, *n.f.*

O

Observation, *n.f.* Plusieurs méthodes d'observation sont à la disposition de l'opilioacarologue. On peut distinguer: (1) l'observation dans l'air (sur un bloc de charbon poreux) à la lumière réfléchie; et (2) l'observation par transparence dans un milieu de montage. La première méthode (très importante) peut surtout servir à l'étude de l'animal vivant, de la coloration et des couleurs, des qualités de surface de son tégument (la microsculpture) et la disposition des poils. Le microscope à balayage permet d'étudier les caractères de surface à un grossissement plus fort. ***V.*** préparation, technique. ***E.*** observation; ***D.*** Beobachtung, *n.f.*

Œil, *pl.* **yeux** (*figs.* 5, 7, 9A, 13A, C; *OC*), *n.m.* Le prodorsum des Opilioacarides présente deux ou (rarement) trois paires d' yeux. Ces yeux se trouvent, des deux cotés, dans une tache oculaire, constituée de granules d'un pigment violet, sous-cuticulaire (abondant, de sorte que la couleur est presque noire). La cornée des yeux (il s'agit d'un bombement cornéen faisant office de lentille) est bleue, jaune pâle ou presque incolore. ***V.*** groupe oculaire, tache oculaire. ***Syn.*** ocellus (Krantz, 1971). ***Réf.*** With,

1903a: 142, *pl.* 4 *fig.* 1; Grandjean, 1936: 420, 439; Redikorzev, 1937: 11, *fig.* 1; Chamberlin & Mulaik, 1942: 125–128; van der Hammen, 1966: 12, *figs.* 1, 3, 4A; 1968a: 60, *fig.* 1A, C; Krantz, 1971: 62, *pl.* 13 *fig.* 1. ***E.*** eye; ***D.*** Auge, *n.n.*

Œsophage (*OE*), *n.m.* Partie du tube digestif qui va du pharynx à l'estomac. Ses parois robustes sont pourvues de muscles constricteurs. ***V.*** pharynx, tube digestif. ***Réf.*** With, 1903a: 162, *pl.* 6 *fig.* 2; Grandjean, 1936: 422; Vitzthum, 1931: (3)10; 1940a: 266–267; Hughes, 1959: 163; Coineau & Legendre, 1976 (en préparation). ***E.*** oesophagus; ***D.*** Ösophagus, *n.m.*

Œuf, *n.m.* À l'intérieur de la femelle des Opilioacarides on peut trouver un grand nombre d'œufs à différents stades du développement. On a observé des œufs (séparés du corps de la femelle) dont chacun des deux bouts présentait un prolongement: un processus tronqué d'un côté et un processus allongé de l'autre (la vraie nature de ces prolongements est encore inconnue). La prélarve se développe dans l'œuf et y reste enveloppée. ***Réf.*** With, 1903a: 169, *pl.* 6 *figs.* 11–13; van der Hammen, 1966: 21, *fig.* 6A–C. ***E.*** egg; ***D.*** Ei, *n.n.*

Oncophyse (*op*), *n.f.* Prolongement d'une membrane arthrodiale, souvent en forme d'intumescence presque hyaline. ***E.*** oncophysis; ***D.*** Oncophyse, *n.f.*

Oncophyse ventrale de la chélicère (*fig.* 22A–C, E: *opv.*). Prolongement de la membrane arthrodiale de l'articulation entre l'apotèle et le corps chélicérien. L'oncophyse est très mince, et adhère à la surface ventrale de l'apotèle (le mors mobile); on voit surtout la partie terminale libre, en forme de petite ligule dans le tiers distal de l'apotèle. ***Syn.*** extension of arthrodial membrane (van der Hammen, 1966). ***Réf.*** van der Hammen, 1966: 33–34, *fig.* 13. ***E.*** ventral oncophysis of chelicera; ***D.*** ventrale Oncophyse der Chelicere.

Ongle (*figs.* 23, 31; *ol′*, *ol″*), *n.m.* Chacun des organes courbés, insérés sur l'apotèle, et homologues de poils. La griffe des Opilioacarides présente deux ongles (elle est bidactyle). La griffe bidactyle se trouve aux pattes et au palpe. ***V.*** ambulacre, apotèle, griffe. ***Syn.*** claw (With, 1903a; Chamberlin & Mulaik, 1942). ***Réf.*** With, 1903a: 148, 156, *pl.* 4 *fig.* 9, *pl.* 5 *figs.* 2, 6; Grandjean, 1936: 429, *fig.* 5A; 1948: 310n; 1970: 807–811; van der Hammen, 1966: 38, *figs.* 14–18, 21. ***E.*** unguis; ***D.*** Kralle, *n.f.*

Ontogénèse, *n.f.* ***V.*** développement. ***E.*** ontogeny; ***D.*** Ontogenie, *n.f.*

Opisthosoma (*tabl.* 1, *figs.* 5–7), *n.m.* Partie postérieure du corps, en arrière du sillon disjugal, s'étendant du segment prégénital (le segment VII) jusqu'à l'ouverture anale (chez les Opilioacarides dans le segment XIX); les treize segments opisthosomatiques sont distincts. L'opisthosoma est l'un des deux tagmates des Acariens. Chez les Opilioacarides, l'opisthosoma est caractérisé par la présence de lyrifissures (celles-ci manquent à la face dorsale du prosoma). ***V.*** prosoma, segmentation. ***Syn.*** Abdomen (Redikorzev, 1937), addomen (Brignoli, 1967); les termes suivants ne sont que des synonymes partiels (leur définition exacte se trouve ci-dessous dans l'annexe 1, la liste complète des synonymes): abdomen (With, 1903a; Chamberlin & Mulaik, 1942; Naudo, 1963), Hysterosoma (Vitzthum, 1931, 1942), hysterosoma (Evans, Sheals & Macfarlane, 1961; Baker & Wharton, 1952; Hughes, 1959; Naudo, 1963), metasoma (Silvestri, 1905), Opisthosoma (Vitzthum, 1931; Hughes, 1959; Naudo, 1963). ***Réf.*** With, 1903a: 139–140, *pl.* 4 *figs.* 1–2; Vitzthum, 1931: (3)8, *figs.* 1, 12; 1942: 751; Grandjean, 1936: 422; van der Hammen, 1966: 8–17, *figs.* 1–3; 1969a: 115–119, *fig.* 2; 1970: 5–6, *fig.* 1B. ***E.*** opisthosoma; ***D.*** Opisthosoma, *n.n.*

Organe, *n.m.* ***E.*** organ; ***D.*** Organ, *n.n.*

Organe de With (*figs.* 13B, 14–17, 18B, C, 19–20: *OW*, pl_2). Poil paralabial pl_2, hypertrophié, en forme de plaque ou de disque; le bord dorsal est dentelé. L'organe est assez mou et capable de se gonfler fortement sous l'action de l'acide lactique. Chez *Paracarus* un poil fourchu prend la place de l'organe de With. L'organe représente peut-être un deuxième rutellum. ***V.*** poils paralabiaux. ***Syn.*** coxal lobe associated with the hypostome (Snodgrass, 1948); endite of the palpal appendages (p.p.) (Hughes, 1959), malae maxillares internae (Vitzthum, 1931), maxillary plate (With, 1903a). ***Réf.*** With, 1903a: 147, 189, *pl.* 4 *figs.* 4, 7; Grandjean, 1936: 425, *figs.* 1, 2, 3A; 1957: 273; van der Hammen, 1966: 25, 27, 29, 32, 76, *figs.* 8–11; 1968a: 65–66, 71–72, *figs.* 1, 3. ***E.*** With's organ; ***D.*** With'sches Organ.

Organe télotarsal (*figs.* 24E, 25, 26). Petite cavité antiaxiale du télotarse I; elle contient un solénidion claviforme caché (*h*) et un solénidion cératiforme ou presque baculiforme à demi enfoncé (*f*). L'organe peut être précédé, à courte distance, par deux petits solénidions libres. L'organe télotarsal est peut-être homologue d'une partie de l'organe de Haller (la capsule). ***Syn.*** Hallersches Organ (Vitzthum, 1940a), organe de Haller (Grandjean, 1936). ***Réf.*** Grandjean, 1936: 433, *fig.* 5B, C; 1970: 806; Vitzthum, 1940a: 226–227, *fig.* 235; André, 1949: 825, *fig.* 638; Hughes, 1959: 127, *pl.* 37 *fig.* 3; van der Hammen, 1966: 40, 75, *figs.* 15E, 16A–C; 1968: 269–270; 1968a: 69, *fig.* 4; Krantz, 1971: 24. ***E.*** telotarsal organ; ***D.*** telotarsales Organ.

Organes génitaux. Une partie des organes génitaux peut être visible dans un exemplaire éclairci. Chez la femelle il y a des ovaires, des oviductes et un ovipositeur (on trouve, assez régulièrement, des femelles à ovipositeur sorti). Chez le mâle il y a des testicules et leurs conduits, et plusieurs glandes accessoires. ***V.*** ouverture génitale, ovipositeur, région génitale. ***Réf.*** With, 1903a: 167–170, *pl.* 5 *figs.* 7–11, *pl.* 6 *figs.* 2–4, 8–13, 16–19; Vitzthum, 1931: (3)11–(3)12; 1940b: 397–399, *fig.* 385; van der Hammen, 1966: 19–21, *fig.* 5A. ***E.*** genital organs; ***D.*** Geschlechtsorgane.

Orientation des structures représentées (*fig.* 1). Afin de faciliter la comparaison des descriptions, il est préférable d'orienter les structures représentées de la même manière. Les orientations recommandées sont les suivantes. Les figures des faces dorsale et ventrale sont orientées verticalement sur la page. Dans une vue latérale (orientée horizontalement), la partie rostrale est à droite. On dessine la face seconde des appendices droits (c'est-à-dire la face antiaxiale de la chélicère, du palpe, et des pattes I et II, et la face paraxiale des pattes III et IV). ***V.*** convention. ***Réf.*** van der Hammen, 1964: 38–40. ***E.*** orientation of figured structures; ***D.*** Orientierung abgebildeter Strukturen.

Orifice, *n.m.* ***E.*** orifice; ***D.*** Öffnung, *n.f.*

Orifice de la glande infracapitulaire (*fig.* 19: *ogi*). Orifice dans le cervix à un endroit appelé foramen, des deux côtés de la selle infracapitulaire. ***V.*** foramen, glande infracapitulaire. ***Réf.*** van der Hammen, 1966: 28, *fig.* 10. ***E.*** orifice of infracapitular gland; ***D.*** Öffnung der infracapitulären Drüse.

Orifices des glandes labiales (*fig.* 20: ogl_{1-2}). Orifices, au nombre de deux paires, dans les lèvres latérales; ils se trouvent dans la paroi latérodorsale. ***V.*** glande labiale, lèvres latérales. ***Réf.*** Grandjean, 1936: 423, *fig.* 1; van der Hammen, 1966: 30, *fig.* 11; Coineau & Legendre, 1976 (en préparation). ***E.*** orifices of labial glands: ***D.*** Öffnungen der Labialdrüsen.

Orthostasie, *n.f.* Présence exclusive, dans un développement postembryonnaire de niveaux idionymiques. ***V.*** protostasie. ***Réf.*** van der Hammen, *1975: 379; 1976 (sous presse). ***E.*** orthostasy; ***D.*** Orthostasie, *n.f.*

Ouverture, *n.f.* ***E.*** opening; ***D.*** Öffnung, *n.f.*

Ouverture anale (*figs.* 6, 8; *oa*). Ouverture externe du rectum; elle se trouve dans le tubercule anal (le segment XIX) qui a une position terminale. La fermeture se fait par une paire de volets anaux. ***V.*** anus, tubercule anal, volet anal. ***Réf.*** With, 1903a: 162; van der Hammen, 1966: 17, 70, *figs.* 2, 3; 1969a: 115–119, *fig.* 2; Grandjean, 1970: 80. ***E.*** anal opening; ***D.*** Analöffnung.

Ouverture génitale (*figs.* 4, 6, 11: *og*). Fente transversale dans la région ventrale du segment VIII du corps (le deuxième segment opisthosomatique). Chez la femelle adulte, il y a un ovipositeur qui peut être dévaginé; l'orifice de ponte se trouve à l'extrémité de l'ovipositeur. L' ouverture génitale complètement développée ne se trouve que chez les adultes. ***V.*** fente génitale, organes génitaux, ovipositeur, région génitale. ***Réf.*** With, 1903a: 167, *pl.* 4 *fig.* 3, *pl.* 5 *fig.* 13; Grandjean, 1936: 435; van der Hammen, 1966: 17 *figs.* 2, 5A; 1969a: 119, *fig.* 3. ***E.*** genital opening; ***D.*** Genitalöffnung.

Ovipare, *adj.* Qui se reproduit par des œufs qui éclosent après la ponte. Les Opilioacarides sont ovipares. ***V.*** œuf, ovipositeur. ***E.*** oviparous; ***D.*** ovipar.

Ovipositeur (*fig.* 12A, C; *OVP*), *n.m.* Tube invaginable qui sert à déposer les œufs dans des endroits convenables; l'orifice de ponte se trouve à l'extrémité distale. La double paroi de l'ovipositeur (la paroi intérieure et la paroi extérieure) est un prolongement du vagin. L'ovipositeur des Opilioacarides est très simple (sans lobes terminaux) et assez large. Un ovipositeur invaginé est replié dans le corps de la femelle; pour l'oviposition il doit être dévaginé. Les caractères de l'ovipositeur (par exemple la présence d'une apophyse et de poils) peuvent avoir une importance taxonomique. ***V.*** organes génitaux, ouverture génitale, région génitale. ***Réf.*** With, 1903a: 170, *pl.* 5 *figs.* 7–9, 11; Grandjean, 1936: 419, 436; Vitzthum, 1940b: 399, *fig.* 385; Naudo, 1963: *fig.* 3; van der Hammen, 1968a: 64, *fig.* 2A, C. ***E.*** ovipositor; ***D.*** Ovipositor, *n.m.*

P

Palpe (*tabl.* 2, *figs.* 6, 23; *PA*), *n.m.* Appendice pair appartenant au segment II, constitué de six articles: trochanter, fémur, génual, tibia, tarse et apotèle. Le tarse prolonge exactement le tibia (les deux ensemble ont la forme d'un seul article). Le tarse présente, entre autres, un champ dorsal de poils creux, un groupe paraxial de poils en feuille, et deux lyrifissures. L'apotèle (à position terminale) porte deux ongles. Apparemment, la fonction du palpe est partiellement sensorielle. ***Réf.*** With, 1903a: 148, *pl.* 4 *fig.* 9; Grandjean, 1936: 429, *fig.* 5A; Vitzthum, 1940: 79, *fig.* 50; van der Hammen, 1966: 34, *fig.* 14. ***E.*** palp; ***D.*** Palpus, *n.m.*

Papille, *n.f.* ***E.*** papilla; ***D.*** Papille, *n.f.*

Papille génitale (*figs.* 11A, 12B, C: *Pg*). Organe pair qui flanque, à droite et à gauche, la fente génitale. À l'état invaginé la papille ressemble à un sac profond, dont l'entrée est fermée par une capsule (la verrue génitale). Après la dévagination l'organe est papilliforme; à l'intérieur on trouve des tendons qui servent probablement à l'invagination. Bien qu'on trouve des papilles sorties en même temps que l'ovipositeur, leur fonction reste inconnue. La papille génitale représente probablement l'endite d'un appendice opisthosomatique. ***V.*** appendices opisthosomatiques, endite, verrue génitale. ***Syn.*** drüsige Masse (Vitzthum, 1940b), pregenital sac (van der Hammen, 1946), sac profond et peu épais à parois chitineuses (Grandjean, 1936). ***Réf.*** Grandjean, 1936: 436; Vitzthum, 1940b: 398;

van der Hammen, 1966: 19, 22, 53, *fig.* 5A; 1968a: 64, *fig.* 2B, C; 1976 (sous presse). ***E.*** genital papilla; ***D.*** Genitalpapille.

Paraxial (π), *adj.* Qualifie la face d'un appendice pair (des deux faces séparées par le plan de pseudosymétrie), qui est rapprochée du plan de symétrie de l'animal. Il faut supposer que les pattes I et II sont dirigées en avant, et les pattes III et IV en arrière. Un organe superficiel d'un appendice est paraxial s'il est implanté sur la face paraxiale de cet appendice. C'est la définition absolue du terme. Le mot paraxial a, cependant, aussi un sens relatif. On le rapporte sur le corps au plan de symétrie de l'animal, et aux appendices au plan de pseudosymétrie de l'appendice. ***V.*** prime, seconde. ***Contr.*** antiaxial. ***E.*** paraxial; ***D.*** paraxial.

Pattes (*tabl.* 2, *figs.* 24–31; PI–IV), *n.f. pl.* Appendices ambulatoires, au nombre de quatre paires chez les nymphes et les adultes (au nombre de trois paires chez la prélarve et la larve; chez la larve la quatrième paire est vestigiale. À partir de la larve, la patte I est constituée de sept articles eudesmatiques (coxa, trochanter, fémur, génual, tibia, tarse et apotèle): il y a un maximum de six articles adesmatiques, dépendant du niveau de développement et de l'espèce (basifémur, télofémur, basitibia, télotibia, basitarse, télotarse). La patte II présente les mêmes articles eudesmatiques que la patte I; bien que le nombre maximum d'articles adesmatiques soit aussi de six, il s'agit, partiellement, d'articles différents (basifémur, télofémur, basitarse, télotarse, acrotarse, prétarse). Les pattes III et IV ressemblent à la patte II; elles ont toutefois (à partir de la tritonymphe) un huitième article eudesmatique (un trochanter 2). ***V.*** acrotarse, apotèle, basifémur, basitarse, basitibia, coxa, fémur, génual, prétarse, tarse, télofémur, télotarse, télotibia, tibia, trochanter, trochanter 1, trochanter 2. ***Réf.*** With, 1903a: 152–156, *pl.* 4 *figs.* 1–3, *pl.* 5 *figs.* 1–6; Grandjean, 1936: 429–432; Vitzthum, 1940: 89; van der Hammen, 1966: 34–47, 54–57, *figs.* 15–21. ***E.*** legs; ***D.*** Beine, *n.n. pl.*

Phanère, *n.m.* Formation tégumentaire apparente, telle que: poils, solénidions, coronidions. ***V.*** coronidion, poil, solénidion. ***E.*** *phanere; ***D.*** *Phaner, *n.n.*

Phanérotaxie, *n.f.* Arrangement (nombre et répartition) des phanères sur le corps et les appendices. ***V.*** chaetotaxie. ***E.*** *phanerotaxy; ***D.*** *Phanerotaxie, *n.f.*

Pharynx (*figs.* 17, 19, 21: *PH*), *n.m.* Partie du tube digestif qui va de la bouche à l'œsophage. La section du pharynx est trifide près du gosier, étant donné qu'il prolonge les parois de la bouche; à peu de distance cette section développe six branches, et le pharynx garde cette forme générale. Le pharynx des Opilioacarides est assez large. ***V.*** bouche, gosier, œsophage. ***Réf.*** With, 1903a: 161–162, *pl.* 6 *figs.* 5, 6; Grandjean, 1936: 422,

425, *fig.* 2; Vitzthum, 1931: (3)10; 1940a: 266–267; Kaestner, 1956: 622; van der Hammen, 1966: 30, 32, *fig.* 12; Coineau & Legendre, 1976 (en préparation). ***E.*** pharynx; ***D.*** Pharynx, *n.m.*

Phase, *n.f.* Groupe d'une ou de plusieurs stases qui se ressemblent et se suivent, et qui diffèrent fortement des phases voisines. Si une phase se compose de plusieurs stases, il s'agit d'une suite de stases qui ont évolué parallèlement. Le cycle vital des Opilioacarides comprend quatre phases: la phase prélarvaire, la phase larvaire, la phase nymphale et la phase adulte. ***V.*** développement postembryonnaire, stase. ***Réf.*** *Vachon, 1953: 295; Grandjean, 1954a: 416; 1957a: 520–521. ***E.*** phase; ***D.*** Phase, *n.f.*

Photographie, *n.f.* Une photographie scientifique constitue un document fidèle, un véritable témoignage. Contrairement au dessin, cependant, elle est dénuée de toute interprétation. ***V.*** dessin, illustration, micrographie. ***Réf.*** Brignoli, 1967, *fig.* 15. ***E.*** photograph; ***D.*** Photographie, *n.f.*

Phylogénèse, *n.f.* Développement des lignées au cours de l'évolution. Histoire d'un phylum, y compris l'histoire des caractères et des stases. ***V.*** évolution. ***Réf.*** Vitzthum, 1931: (3)8, (3)140; 1942: 735; van der Hammen, 1971: 465–473, *figs.* 1–5; 1972a: 282–283, *fig.* 1; 1973: 280–281, *fig.* 1; Krantz, 1971: 60, 61, *figs.* 12, 13. ***E.*** phylogeny; ***D.*** Phylogenie, *n.f.*

Pigment, *n.m.* Substance colorée contenue particulièrement dans des cellules sous-tégumentaires, et intervenant dans la coloration du corps. Chez les Opilioacarides il s'agit de granules d'un pigment violet, ces granules étant répartis inégalement. ***V.*** coloration. ***Réf.*** Grandjean, 1936: 420; van der Hammen, 1966: 7. ***E.*** pigment; ***D.*** Pigment, *n.n.*

Pince, *n.f.* ***E.*** pincers; ***D.*** Schere, *n.f.*

Pince chélicérienne (*fig.* 22). Extrémité distale de la chélicère, à fonction préhensile, composée de deux mors, le mors fixe (l'extrémité distale du corps chélicérien) et le mors mobile (l'apotèle). ***V.*** mors fixe, mors mobile. ***Syn.*** chela (With, 1903a; van der Hammen, 1966), claw of chelicera (Chamberlin & Mulaik, 1942). ***Réf.*** With, 1903a: 149, *pl.* 4 *fig.* 10; Grandjean, 1935: 206, *fig.* 3D; van der Hammen, 1966: 32–34, *fig.* 13. ***E.*** cheliceral pincers, chela; ***D.*** Chelicerenschere.

Podosoma (*fig.* 7), *n.m.* Partie du corps portant les pattes. Dorsalement le podosoma des Opilioacarides est limité par le sillon abjugal et la partie postérieure du sillon disjugal. C'est donc une région ventrale, latéroventrale et latérale, qui comprend aussi la région immédiatement au-dessus des pattes. Le podosoma n'est pas un tagma. ***Réf.*** Grandjean, 1936: 435; van der Hammen, 1966: 21–23, *figs.* 2–3. ***E.*** podosoma; ***D.*** Podosoma, *n.n.*

Poil, *n.m.* Formation tégumentaire apparente, consituée d'une racine et d'un corps. La racine est insérée dans un alvéole de la cuticule. L'épiostracum du tégument s'attache au poil selon une ligne circulaire précise (le collet). Les poils des Opilioacarides n'ont pas d'axe actinopilineux; assez souvent ils sont creux. On peut classer les poils selon les emplacements (poils circumbuccaux, génitaux, infracapitulaires, latérocoxaux, paralabiaux, sternaux, etc.) ou selon leur morphologie (poils composites, creux, hypertrophiés, lobés, mucronés, papilliformes, spiniformes, etc.). ***Réf.*** Grandjean, 1936: 425–426, 429, 433, 435, 437; van der Hammen, 1966: 12, 17, 19, 22, 25, 27, 32, 34, 38, 40–47. ***E.*** seta; ***D.*** Borste, *n.f.*

Poil composite (*figs.* 4, 6, 11, 23B–E, *pl.* 1 *fig.* 2;†). Poil se composant de deux éléments différents: une partie proximale ornée (de quelques aspérités distantes, par exemple) et une partie distale lisse et striée transversalement. Des poils composites se trouvent dans les régions génitale et sternale, sur le palpe et sur les pattes. Le poil mucroné représente un type spécial de poil composite. ***V.*** poil mucroné. ***Syn.*** composite seta (van der Hammen, 1966, poil *sm* (Grandjean, 1936), *sm* seta (van der Hammen, 1966). ***Réf.*** Grandjean, 1936: 429, 433, 435, 443, *fig.* 5A; van der Hammen, 1966: 19, 22, 34, 43, 58, 72–73, *figs.* 2, 5, 6F, 14B, C, D. ***E.*** compound seta; ***D.*** zusammengesetzte Borste.

Poil creux. Poil dont la partie centrale est creuse. Le canal central traverse la racine, et peut s'étendre presque jusqu'au bout ou seulement sur une partie proximale. Chez les Opilioacarides de nombreux poils sont creux. ***Réf.*** Grandjean, 1936: 429, 433n., 443. ***E.*** hollow seta; ***D.*** Hohlborste.

Poil hypertrophié. Poil grossi d'une façon relativement considérable, soit par une simple augmentation de volume, soit par coalescence de poils voisins ou des branches d'un seul poil, soit par une combinaison des deux. Le rutellum et l'organe de With sont des poils hypertrophiés; dans le cas de l'organe de With, il s'agit peut-être en partie d'une coalescence des deux branches du poil fourchu primitif. ***Réf.*** van der Hammen, 1966: 25; 1968a: 66. ***E.*** hypertrophied seta; ***D.*** hypertrophierte Borste.

Poil impair. On parle surtout de poil impair dans le cas d'un seul poil, inséré dans le plan de symmétrie, dans une région où on trouve aussi des poils pairs. Un poil impair peut être le résultat d'une soudure de deux poils. Chez les Opilioacarides (sauf chez *Adenacarus* et *Paracarus*, où le poil a disparu) on trouve un poil impair dorsal (pd_x) dans le segment XVIII. On trouve en outre des poils impairs dorsaux dans le plan de pseudosymétrie des pattes. ***Réf.*** van der Hammen, 1966: 17, 58; 1968a: 62; 1969a: 115, 123; 1971: 467. ***E.*** umpaired seta; ***D.*** unpaare Borste.

Poil lobé** (*pl.* II *fig.* 4). Poil papilliforme, de forme légèrement aplatie, et présentant des lobes terminaux. Un poil lobé peut être mucroné. ***V. poil mucroné, poil papilliforme. ***E.*** lobate seta; ***D.*** lappige Borste.

Poil mucroné (*figs.* 24, 26–30). Poil qui se termine soudainement par une petite pointe. Cette petite pointe est lisse tandis que le corps du poil est plus ou moins orné. Le corps peut être papilliforme ou presque spiniforme (mais creux). La taille de la petite pointe est un peu variable; elle manque le plus souvent. Il faut considérer les poils mucronés comme des poils composites à extrémité distale réduite; ils sont assez nombreux chez les Opilioacarides. ***V.*** poil composite. ***Syn.*** hair bearing a small pointed 'hair' (With, 1903a). ***Réf.*** With, 1903a: 143, *pl.* 4 *figs.* 11–13; Grandjean, 1936: 430, 433, 435, 443, *fig.* 4; van der Hammen, 1966: 38, 40, 42–43, 46–47, 57–58, *figs.* 6D, 15, 17–20. ***E.*** mucronate seta; ***D.*** mucronate Borste.

Poil ordinaire. Poil présentant les caractères généraux d'un poil, mais sans caractères spéciaux, c'est-à-dire ni composite, ni mucroné et ni papilliforme. ***E.*** ordinary sera; ***D.*** einfache Borste.

Poil papilliforme (*pl.* 1 *fig.* 1). Poil épais, soufflé et creux, dont la base est rétrécie, tandis que la plus grande largeur peut se trouver dans la motié distale. Il présente souvent des écailles qui peuvent s'aligner et fusionner en formant des nervures; la nervation d'un poil peut devenir plumeuse ou se composer de nervures parallèles. La forme des poils papilliformes peut devenir aplatie, en présentant des lobes terminaux. Des poils papilliformes se trouvent sur le corps, le palpe et les pattes. Ceux des pattes peuvent être mucronés. ***V.*** poil composite, poil mucroné. ***Syn.*** fan hair (With, 1903a), papille (André, 1947; Naudo, 1963); peli *FH* (Brignoli, 1967). ***Réf.*** With, 1903a: 143; Grandjean, 1936: 433n; van der Hammen, 1966: 12, 17, 19, 22, 34, 38–46, 58, 73, *figs.* 1–3, 6E, 15, 17–20. ***E.*** papilliform seta; ***D.*** papilliforme Borste.

Poil spiniforme. Poil en forme d'épine. ***E.*** spiniform seta; ***D.*** spiniforme Borste.

Poils circumbuccaux (*figs.* 15–17, 18B, C, 20: cb_{1-4}). Poils infracapitulaires (au nombre de quatre paires) à position antérieure, tout près et en arrière des lèvres latérales, de l'organe de With et du rutellum (auxquels ils sont peut-être associés). Ce sont des poils creux, courbés, avec leur pointe tronquée et légèrement fendue. ***V.*** poils infracapitulaires. ***Syn.*** poils 1, 5, 3, 4 du capitulum (Grandjean, 1936). ***Réf.*** Grandjean, 1936: 425–427, *figs.* 1, 2; van der Hammen, 1966: 25, 54, 71, *figs.* 8, 9, 11. ***E.*** circumbuccal setae; ***D.*** circumbuccale Borsten.

Poils génitaux (*figs.* 4, 6, 11). Poils insérés dans la région ventrale du segment VIII, c'est-à-dire en arrière de la fente génitale. Le nombre et la forme de ces poils varient avec l'espèce, la stase et le sexe. ***V.*** région génitale. ***Réf.*** Grandjean, 1936: 435; van der Hammen, 1966: 17, *figs.* 2, 5; 1969a: 119, 121–122, 127, *tabl.* 4, *fig.* 3. ***E.*** genital setae; ***D.*** genitale Borsten.

Poils infracapitulaires (*figs.* 15–17, 18B, C, 20). Poils de l'infracapitulum.

Leur position est ventrale, latéroventrale, latérale et latérodorsale. On peut distinguer les groupes suivants (Les groupes (a) et (b) comprennent les poils antérieurs): (a) les poils paralabiaux pl_{1-3} (près des lèvres latérales; il s'agit d'un petit corniculus, de l'organe de With ou le poil fourchu qui prend sa place, et du rutellum); (b) les poils circumbuccaux cb_{1-4} (quatre poils, tout près et en arrière des poils paralabiaux; il s'agit de quatre poils courbés); (c) un ou deux poils latérodorsaux *ldm*; (d) un groupe de poils du milieu *vm*, *lvm*, *lm* (dont le nombre est variable); et (e) un groupe de poils postérieurs *vp*, *lvp* (dont le nombre est variable). ***V.*** gena, infracapitulum, menton, poils circumbuccaux, poils paralabiaux. ***Syn.*** accessory setae (Baker, Camin, Cunliffe, Woolley & Yunker, 1958; Krantz, 1971), poils du capitulum (Grandjean, 1936). ***Réf.*** Grandjean, 1936: 425–426, *figs*. 1–2; 3A; van der Hammen, 1966: 25–27, 53–54, 72, *figs*. 8–11; 1968a: 66, *fig*. 1B; 1969a: 119, *fig*. 4B, C. Krantz, 1971: 13, *pl.* 3 *fig*. 3. ***E.*** infracapitular setae; ***D.*** infracapituläre Borsten.

Poils latérocoxaux (*fig*. 7: *eI*, *eII*). Dans le cas des Opilioacarides il s'agit de petits poils mucronés, régressifs, des coxae I et II; à position paralatérodorsale; sur chacun des deux coxae il n'y a qu'un seul poil latérocoxal. ***Réf.*** Grandjean, 1936: 430, *fig*. 4; van der Hammen, 1966: 38–40, 57–58, *figs*. 2, 3, 6D; 1972a: 278, 279n. ***E.*** laterocoxal setae; ***D.*** laterocoxale Borsten.

Poils paralabiaux (*figs*. 15–17, 18B, C, 20: pl_{1-3}). Poils infracapitulaires, plus ou moins spécialisés et hypertrophiés, au nombre de trois paires, insérés dans la partie antérieure des malapophyses (c'est-à-dire des genae), près des lèvres latérales. Il s'agit d'une paire de petits corniculi pl_1, une paire d'organes de With pl_2 (ou d'une paire de poils fourchus, qui prend sa place) et une paire de rutellums pl_3. ***V.*** corniculus, gena, malapophyse, organe de With, rutellum, poils infracapitulaires. ***Réf.*** van der Hammen, 1966: 25, 53–54, 73, *figs*. 8, 9, 11; 1968a: 65, 71–72, *figs*. 1B, 3. ***E.*** paralabial setae; ***D.*** paralabiale Borsten.

Poils prégénitaux (*figs*. 4, 6, 11). Poils en avant de la fente génitale, appartenant au segment VII. La forme et le nombre des poils prégénitaux varient selon l'espèce, la stase et le sexe. Les poils prégénitaux peuvent être absents (ou se trouver en petit nombre) chez la femelle et les stases immatures; ils sont plus nombreux chez le mâle. ***V.*** femelle, immature, mâle, région génitale. ***Réf.*** Grandjean, 1936: 435; van der Hammen, 1966: 19, 74, *figs*. 2, 5; 1969a: 119, 121, 127, *tab*. 4, *fig*. 3. ***E.*** pregenital setae; ***D.*** prägenitale Borsten.

Pollinivore, *adj*. Qui se nourrit de pollen. Chez plusieurs Opilioacarides on a observé des grains de pollen à l'intérieur de l'intestin, parfois en grandes masses, à l'exclusion de toute autre chose. Il paraît sûr que quelques espèces au moins sont pollinivores, du moins de temps en temps. ***V.*** alimentation, nourriture. ***E.*** pollinivorous; ***D.*** pollinivor.

Poststéthidium (*fig.* 5), *n.m.* Région postérieure du prodorsum, entre le sillon transversal (*tr*) et le sillon disjugal (*dj*). ***V.*** prostéthidium, sillon disjugal, sillon transversal du prodorsum. ***Réf.*** van der Hammen, *1969: 196–197, 200; 1969a: 130. ***E.*** poststethidium; ***D.*** Poststethidium, *n.n.*

Préchélicérien, *adj.* Qui est en avant des chélicères. Se dit par exemple des métamères de la bandelette germinative, qui se trouvent en avant du métamère des chélicères (le segment I). En partant des données obtenues chez d'autres Arachnides, on peut supposer que le prosoma des Opilioacarides comprend un acron et trois ou quatre métamères préchélicériens. Le labre et les yeux, par exemple, sont des éléments préchélicériens. ***E.*** precheliceral; ***D.*** prächeliceral.

Prégénital (*figs.* 4, 6, 11), *adj.* Se rapporte à la région en avant de la fente génitale, et entre les verrues génitales. Cette région présente des différences chaetotaxiques entre les différentes stases et les deux sexes. ***V.*** région génitale. ***Syn.*** préanal (Grandjean, 1936; lapsus). ***Réf.*** Grandjean, 1936: 435; van der Hammen, 1966: 19; 1969a: 119, *fig.* 3. ***E.*** pregenital; ***D.*** prägenital.

Prélarve (*fig.* 2A; *plv*), *n.f.* Première stase du développement postembryonnaire (seule stase de la phase larvaire); il s'agit d'une calyptostase (presque'une élattostase), qui reste probablement enfermée dans l'œuf. La prélarve des Opilioacarides est une des moins régressives que l'on connaisse chez les Acariens; elle a des pattes longues (trois paires), et un gnathosoma peu régressif. La régression de la prélarve est un phénomène de protélattose. ***V.*** calyptostase, cycle vital, développement postembryonnaire, élattostase, protélattose. ***Réf.*** Coineau, 1973: 1181, *fig.* 1; Coineau & van der Hammen, 1976 (sous presse); 1977 (en préparation). ***E.*** prelarva; ***D.*** Prälarve, *n.f.*

Préparation, *n.f.* Pour l'observation des Opilioacarides par transparence, à fort grossissement, il faut des lames à concavité assez profonde (des profondeurs allant, par exemple, à 1.5 ou 2 mm). Il est préférable d'être prudent avec l'acide lactique; ce milieu, à demi dilué et appliqué à froid, donne des résultats excellents. Ce n'est qu'en étudiant les détails difficiles, à la fin de l'étude, qu'on peut chauffer (lentement et modérément). ***V.*** technique. ***E.*** preparation; ***D.*** Präparation, *n.f.*

Prétarse (*tabl.* 3, *figs.* 27, 28, 31; *PTA*), *n.m.* Partie terminale du tarse des pattes II–IV, de taille relativement petite, et moins sclérotisée que le reste de l'article. Le prétarse porte deux paires de poils: une paire de poils latéraux, pectinés (*l′*, *l″*) et une paire de poils latérodorsaux courbés (*ld′*, *ld″*). Il contient un endosquelette (deux pièces chitineuses) s'articulant avec l'apotèle. L'articulation adesmatique avec l'acrotarse est bivalente et interne. ***V.*** acrotarse, ambulacre, apotèle. ***Syn.*** claw joint (With, 1903a). ***Réf.*** With, 1903a: 156, *pl.* 5 *fig.* 6; Grandjean, 1936: 432, 439; van der Hammen, 1966: 35, 38, 61, 74, *fig.* 21. ***E.*** pretarsus; ***D.*** Prätarsus, *n.m.*

Prime ('), *adj.* Qualifie la face antérieure d'un appendice, lorsqu'on écarte l'appendice de manière à le placer perpendiculairement au plan de symétrie du corps (la face antérieure étant séparée de la face postérieure, par le plan de pseudosymétrie de l'appendice). Employé aussi pour distinguer deux organes ou structures symétriques du corps, d'une paire quelconque (par exemple les deux commissures supérieures de la bouche *Js* et *Js'*). ***V.*** antiaxial, paraxial. ***Contr.*** seconde. ***E.*** prime; ***D.*** ?

Primordiotrichie, *n.f.* Existence, dans un territoire, de poils primitifs adélonymiques. Il s'agit d'une interprétation hypothétique (l'autre hypothèse étant celle de la néotrichie). L'hypothèse suppose que l'adélonymie peut précéder l'idionymie au cours de l'évolution (c'est-à-dire que la primordiotrichie précède la prototrichie). ***V.*** adélonymie, atactotrichie, néotrichie, prototrichie. ***Réf.*** van der Hammen, *1975: 380; 1976 (sous presse). ***E.*** primordiotrichy; ***D.*** Primordiotrichie, *n.f.*

Prodorsum (*fig.* 5; *PD*), *n.m.* Surface dorsale du stéthosoma (et de l'aspidosoma), limitée en arrière par le sillon disjugal, et latéralement par le sillon abjugal. Le prodorsum est divisé incomplètement en deux parties par le sillon transversal (*tr*): le prostéthidium et le poststéthidium. ***V.*** aspidosoma, poststéthidium, prostéthidium. ***Syn.*** propodosoma (p.p.) (Krantz, 1971), Propodosomatalschild (Vitzthum, 1940). ***Réf.*** Vitzthum, 1940: 142; van der Hammen, 1966: 10–12, 74, *figs.* 1–3; 1969a: 130. ***E.*** prodorsum; ***D.*** Prodorsum, *n.n.*

Prosoma (*tabl.* 1, *fig.* 7), *n.m.* Partie antérieure du corps, s'étendant du bord antérieur jusqu'au sillon disjugal. Les segments constituant le prosoma sont les segments I–VI et les métamères préchélicériens. Le prosoma est un des deux tagmata constituant le corps des Acariens. ***V.*** opisthosoma. ***Syn.*** (les termes suivants ne sont que des synonymes partiels; leur définition exacte se trouve ci-dessous, dans la liste complète des synonymes): propodosoma (Hughes, 1959; Evans, Sheals & Macfarlane, 1961, Propodosoma (Vitzthum, 1931), prosoma (Silvestri, 1905; Hughes, 1959; Naudo, 1963), Prosoma (Vitzthum, 1931). ***Réf.*** van der Hammen, 1966: 8–10, *figs.* 1–3; 1970: 5, *fig.* 1B. ***E.*** prosoma; ***D.*** Prosoma, *n.n.*

Prostéthidium (*fig.* 5), *n.m.* Région antérieure du prodorsum, s'étendant du sillon transversal (*tr*) jusqu'au bord antérieur. ***V.*** poststéthidium. ***Réf.*** van der Hammen, *1969: 196–197, 200; 1969a: 130. ***E.*** prostethidium; ***D.*** Prostethidium, *n.n.*

Protélattose, *n.f.* Phénomène évolutif, constitué par la régression des premières formes du développement postembryonnaire, c'est-à-dire la formation d'élattostases et de calyptostases (ou même la disparition de stases) au commencement du développement. Chez les Opilioacarides la protélattose se rapporte à la régression de la prélarve et de la larve. ***V.*** calyptostase, élattostase, larve, prélarve. ***Réf.*** van der Hammen, *1975: 378; 1976 (sous presse). ***E.*** protelattosis; ***D.*** Protelattose, *n.f.*

Protonymphe (*fig.* 2C; *n1*), *n.f.* Première nymphe, troisième stase du développement postembryonnaire; elle fait partie de la phase nymphale. Elle est caracterisée par la présence de deux paires de stigmates (dont les niveaux de base sont protonymphaux), et par l'absence d'acrotarse aux pattes II–IV. Comme la deutonymphe elle n'a qu'un seul trochanter aux pattes III et IV, et pas de poils au trochanter chélicérien. Par rapport aux autres stases, la protonymphe a un nombre plus ou moins caractéristique de poils sur les verrues sternales et génitales, et dans la région prégénitale et génitale. ***V.*** cycle vital, développement postembryonnaire. ***Réf.*** van der Hammen, 1969a: 121–122, 126–127. ***E.*** protonymph; ***D.*** Protonymphe, *n.f.*

Protostasie, *n.f.* Présence d'un nombre ancestral de stases; dans le cas des Opilioacarides cela se rapporte à la présence de six stases. La protostasie représente le type ancestral de l'orthostasie. ***V.*** développement postembryonnaire, orthostasie. ***Réf.*** van der Hammen, *1975: 379; 1976 (sous presse). ***E.*** protostasy; ***D.*** Protostasie, *n.f.*

Prototrichie, *n.f.* Existence exclusive de poils primitifs idionomiques dans un territoire considéré. ***V.*** adélonymie, idionymie, primordiotrichie. ***Contr.*** néotrichie. ***Réf.*** Grandjean, 1965: 715. ***E.*** prototrichy; ***D.*** Prototrichie, *n.f.*

Pulvillus *pl.* **pulvilli** (*figs.* 24E, 25, 27, 28, 31; *PV*), *n.m.* Structure en forme de petit coussin, située en dessous et entre les ongles; dorsalement ainsi que latéralement le pulvillus est réuni au prétarse. Chez les Opilioacarides le pulvillus de la patte I est plus petit que celui des pattes II–IV. ***V.*** ambulacre. ***Syn.*** Empodium (Vitzthum, 1940). ***Réf.*** Grandjean, 1936: 432; Vitzthum, 1940: 97–98; van der Hammen, 1966: 38, 74, *fig.* 21. ***E.*** pulvillus; ***D.*** Pulvillus, *n.m.*

R

Récolte, *n.f.* Il faut chercher les Opilioacarides sous des pierres, etc. (*Opilioacarus*, *Paracarus*, *Panchaetes*), dans la litière des forêts tropicales (*Panchaetes*) et même sur des arbustes (*Panchaetes*); les espèces sont peut-être actives dans le terrain pendant la nuit. ***V.*** habitat. ***Réf.*** With, 1903a:

182; Silvestri, 1905: 259; Grandjean, 1936: 420; Redikorzev, 1937: 12; Chamberlin & Mulaik, 1942: 126; André, 1947: 326; Naudo, 1963: 20, 22; van der Hammen, 1966: 5; Brignoli, 1967: 116–119. ***E.*** collecting; ***D.*** Sammeln, *n.n.*

Régénération, *n.f.* Reconstitution naturelle de parties vivantes qui ont été détruites. Chez les Opilioacarides il s'agit d'une régénération d'appendices amputés d'une stase, chez la stase suivante (pendant la mue). En général, les appendices d'une stase se développent à l'intérieur des appendices de la stase précédente; dans le cas d'appendices amputés, cependant, l'appendice nouveau se développe sous la cuticule de l'idiosoma de cette stase, pressé contre le corps. ***Réf.*** Coineau & Legendre, 1975: 41–43, pl. 1; van der Hammen, 1976a (sous presse). ***E.*** regeneration; ***D.*** Regeneration, *n.f.*

Région, *n.f.* ***E.*** region; ***D.*** Region, *n.f.*

Région coxale de la chélicère (*figs.* 17, 18C: *CX.C*). Partie membraneuse du gnathosoma. C'est la base de la chélicère, qui sert de gaine; ce n'est pas un article. ***V.*** gaine chélicérienne. ***Syn.*** coxa de la mandibule (Grandjean, 1936), Coxa der Chelicere (Vitzthum, 1940), rostrum (p.p.) (With, 1903a). ***Réf.*** Grandjean, 1936: 427; van der Hammen, 1970b: 18. ***E.*** coxal region of chelicera; ***D.*** coxale Region der Chelicere.

Région coxale du palpe (*figs.* 17, 18C: *CX.PA*). Partie latérale, saillante de l'infracapitulum. C'est une région paire qui sert de base au palpe: ce n'est pas un article. ***V.*** infracapitulum. ***Réf.*** van der Hammen, 1970b: 18. ***E.*** coxal region of palp; ***D.*** coxale Region des Palpus.

Région génitale (*figs.* 4, 6, 11). Région autour de la fente génitale. Dans une description cette région comprend aussi la région prégénitale, les verrues génitales avec les papilles, et l'ovipositeur. ***V.*** fente génitale, organes génitaux, ouverture génitale, ovipositeur, papille génitale, poils génitaux, poils prégénitaux, prégénital, verrue génitale. ***Réf.*** Grandjean, 1936: 435–436; van der Hammen, 1966: 17–21, *figs.* 2, 5. ***E.*** genital region; ***D.*** Genitalregion.

Région rostrale (*figs.* 5, 7, 13A). Partie antérieure du stéthosoma qui s'étend jusqu'à l'extrémité du fossé oculorostral. La région rostrale a souvent la forme d'un lobe élevé. ***V.*** lobe rostral. ***Réf.*** van der Hammen, 1966: 10; 1968a: 60. ***E.*** rostral region; ***D.*** Rostralregion.

Reproduction, *n.f.* La reproduction des Opilioacarides est sexuée; les espèces sont ovipares. ***V.*** œuf, ovipare, sexes. ***E.*** reproduction; ***D.*** Reproduktion, *n.f.*

Rutellum (*figs.* 13B, 14–17, 18B, C, 19–20: pl_3, *RU*), *n.m.* Poil infracapitulaire hyperthropié de la série paralabiale, inséré dans la partie terminale des malapophyses (c'est l'homologue du corniculus des Holothyrida et

Gamasida). Sa forme est assez perfectionnée. Le rutellum des Opilioacarides est grand et épais, mais sa base n'est pas large (il appartient à la catégorie atélébasique); en général, il porte cinq ou six dents ventrales de dimensions inégales. Il est probable que le rutellum des Opilioacarides a un rôle manducateur (en servant de racloir). ***V.*** corniculus, manducation, poils infracapitulaires, poils paralabiaux. ***Syn.*** appendicular process (Snodgrass, 1948), Corniculus maxillaris (Vitzthum, 1931; Redikorzev, 1937), coxal lobe associated with the hypostome (Snodgrass, 1948), endite of the palpal appendages (Hughes, 1959), lobe maxillaire (Naudo, 1963), lobus maxillaris (Silvestri, 1905), maxillary lobe (With, 1904), maxille (Grandjean, 1936), organe maxillaire (Grandjean, 1936), organe muscullaire (sic!) (Hughes, 1959). ***Réf.*** With, 1903a: 147, *pl.* 4 *figs.* 3–7; Grandjean, 1936: 425, *figs.* 1–3; 1957: 273; 1970: 813–814; van der Hammen, 1966: 25, 27, 53, 71, 74, *figs.* 7–11; 1968a: 65–66, 72, *figs.* 1B, 3. ***E.*** rutellum; ***D.*** Rutellum, *n.n.*

S

Scissure, *n.f.* Interruption de la scléritisation du tégument, sous la forme d'une bande séparatrice, plus ou moins étroite, de peau plus molle. Chez les Opilioacarides on trouve des scissures tarsales et tibiales, séparant des articles adesmatiques. ***V.*** anneau. ***Syn.*** coupure (Grandjean, 1936). ***Réf.*** *van der Hammen, 1966: 74. ***E.*** scissure; ***D.*** Szissur, *n.f.*

Scissure basitarsale (*figs.* 24E, 26–28, 29E, 30B–D). Scissure séparant le basitarse du télotarse. Dans le cas de la patte I, la bande de peau molle est latérale et dorsale; ventralement il y a deux cupules (*itav'*, *itav"*). Dans le cas des pattes II–IV, la bande s'étend autour de l'article. ***V.*** basitarse, télotarse. ***Syn.*** coupure du tarse (Grandjean, 1936). ***Réf.*** Grandjean, 1936: 430–431, *fig.* 3C; van der Hammen, 1966: 36, 56–57, *tab.* 2, *figs.* 15E, 17–18, 19E, 20B–D. ***E.*** basitarsal scissure; ***D.*** basitarsale Szissur.

Scissure mésotibiale (*fig.* 24D). Scissure séparant, à la patte I, chez plusieurs espèces, le basitibia du télotibia. La bande de peau molle est dorsale; ventralement il y a une grande lyrifissure (*itiv*). Le niveau de base de la scissure mésotibiale est tritonymphal. ***V.*** basitibia, télotibia. ***Syn.*** coupure du tibia (Grandjean, 1936). ***Réf.*** Grandjean, 1936: 430; van der Hammen, 1966: 35, 56–57, *tab.* 2. ***E.*** mesotibial scissure; ***D.*** mesotibiale Szissur.

Scissure télotarsale (*figs.* 27, 28). Scissure séparant, aux pattes II–IV, le télotarse de l'acrotarse. La bande de peau molle s'étend autour de l'article; l'articulation adesmatique est ventrale. Le niveau de base de la scissure télotarsale est deutonymphal ou tritonymphal. ***V.*** acrotarse, télotarse. ***Syn.*** coupure [du télotarse] (Grandjean, 1936). ***Réf.*** Grandjean, 1936: 431; van der Hammen, 1966: 36, 56–57, *tab.* 2, *figs.* 17–18. ***E.*** telotarsal scissure; ***D.*** telotarsale Szissur.

Seconde (″), *adj.* Qualifie la face postérieure d'un appendice, lorsqu'on écarte l'appendice de manière à le placer perpendiculairement au plan de symétrie du corps (la face postérieure étant séparée de la face antérieure par le plan de pseudosymétrie de l'appendice). ***V.*** antiaxial, paraxial. ***Contr.*** prime. ***E.*** double prime; ***D.*** ?

Segment (*figs.* 5–7: *I–XIX*), *n.m.* Chacune des parties succesives du corps d'un animal. ***V.*** métamère. ***E.*** segment; ***D.*** Segment, *n.n.*

Segmentation (*tabl.* 1, *figs.* 5–7), *n.f.* Division du corps en segments. Chez les Opilioacarides on peut reconnaître 19 segments; les segments I–VI constituent le prosoma, les segments VI–XIX l'opisthosoma. Les segments I et II ne sont reconnaisables que grâce à leurs appendices (la chélicère et le palpe); les segments III–VI (les segments des pattes) se sont presque complètement soudés. Les parties latérales des segments IX–XII se sont soudées aussi. La segmentation des Opilioacarides est d'un type remarquable, rare chez les Arthropodes vivants. Il n'y a pas de sclérites séparés (des tergites et des sternites). La cuticule est faiblement sclérotisée, plus ou moins coriace; les bandes séparatrices sont plus molles. ***Réf.*** With, 1903a: 139–140, *pl.* 4 *figs.* 1–2; Grandjean, 1936: 422; Vitzthum, 1940: 41; 1942: 751; Kaestner, 1956: 618, *fig.* 601; Hughes, 1959: 91; van der Hammen, 1966: 8–17, *figs.* 1–3; 1968a: 71; 1969a: 115–119, *fig.* 2; 1970: 3–8, *tab.* 1, *fig.* 1B; Krantz, 1971: 5n, *pl.* 13 *fig.* 1. ***E.*** segmentation; ***D.*** Segmentation, *n.f.*

Selle, *n.f.* ***E.*** saddle; ***D.*** Sattel, *n.m.*

Selle capitulaire (*fig.* 19: *se*). Convexité axiale du cervix. Le bombement est plus fort près de la base du labre, et diminue graduellement en arrière. ***V.*** cervix. ***Syn.*** bosse axiale en long du dessus du cône buccal (Grandjean, 1936), labrum (p.p.) (With, 1903a), median elevated part of cervix (van der Hammen, 1966). ***Réf.*** With, 1903a: 146, *pl.* 4 *fig.* 6; Grandjean, 1936: 424, *fig.* 1; van der Hammen, 1966: 29, *fig.* 10. ***E.*** capitular saddle; ***D.*** capitulärer Sattel.

Sexes (*fig.* 4B–E; ♂, ♀), *n.m. pl.* Les Opilioacarides sont sexués. On peut facilement reconnaître les mâles et les femelles adultes, et distinguer en outre les tritonymphes mâles et femelles. ***V.*** femelle, mâle, tritonymphe. ***Réf.*** With, 1903a: 167; Grandjean, 1936: 435–436; van der Hammen, 1966: 17–21; 1969a: 119. 126–127. ***E.*** sexes; ***D.*** Geschlechter, *n.m. pl.*

Sigille (*figs.* 5–7, 9B, D, F: D_{1-10}, LD_{0-10}, $LI_{a-c,\,5-7}$, $LL_{1,5-7}$, $LM_{1,\,5-8}$, Ls_{5-10}, LV_{4-9}, V_{2-10}, *n.m.* Marque externe d'une insertion musculaire. Chez les Opilioacarides les sigilles sont en forme d'impressions arrondies, lisses au milieu de la cuticule coniculée. Dans le cas de l'opisthosoma, on peut distinguer plusieurs séries paires de sigilles: dorsale, latérodorsale, latérale supérieure, latérale, médiolatérale, latérale inférieure, latéro-ventrale et ventrale. ***V.*** insertion musculaire. ***Syn.*** muscle attachment (van der Hammen, 1966), muscular spot (With, 1903a), tache d'insertion musculaire (Grandjean, 1936). ***Réf.*** With, 1903a: 139, *pl.* 4 *figs.* 1–2; Grandjean, 1936: 422; van der Hammen, 1966: 8–16, *figs.* 1–3. ***E.*** sigillum; ***D.*** Sigillum, *n.n.*

Signe, *n.m.* ***E.*** sign; ***D.*** Zeichen, *n.n.*

Signes symboliques (annexe 2). À côté des notations en lettres latines et grecques, et en numéros, on peut désigner un organe par d'autres signes symboliques. L'usage se restreint à l'astérisque, à la croix mortuaire et aux signes prime (′) et seconde (″). On peut ajouter un astérisque par exemple, à une notation ontogénétique (qui indique la stase d'apparition) si l'organe est aléatoire, quoique très fréquent, à cette stase. L'astérisque seul, sans indication de stase, veut dire simplement que des absences de l'organe ont été constatées. La croix mortuaire s'emploie dans une formule opilioacarologique (ajoutée à un chiffre), pour indiquer que ce chiffre se rapporte à des poils composites. On emploie les signes prime et seconde pour désigner les faces 'antérieure' (′) et 'postérieure' (″) d'un appendice. Les mâles et les femelles des Opilioacarides sont désignés par les signes symboliques habituels (♂, ♀). ***V.*** abréviations, astérisque, convention, croix mortuaire, désignation, lettres grecques, notation, prime, seconde. ***E.*** symbolic sign; ***D.*** symbolisches Zeichen.

Sillon, *n.m.* ***E.*** furrow; ***D.*** Furche, *n.f.*

Sillon abjugal (*fig.* 7: *abj.*). Sillon qui sépare, incomplètement, l'aspidosoma (le prodorsum) du podosoma. En arrière, le sillon abjugal prolonge le sillon disjugal; en avant, il n'atteint pas la région rostrale. ***V.*** sillon disjugal. ***Syn.*** prodorsal furrow (van der Hammen, 1966). ***Réf.*** van der Hammen, 1966: 10, 74, *fig.* 3; *Grandjean, 1970: 820. ***E.*** abjugal furrow; ***D.*** abjugale Furche.

Sillon circumcapitulaire. Sillon qui est autour de la base du gnathosoma. Dorsalement c'est la limite entre le tégulum et la région rostrale de l'aspidosoma; ventralement c'est la limite entre la membrane articulaire de l'infracapitulum et le podosoma. ***E.*** circumcapitular furrow; ***D.*** circumcapituläre Furche.

Sillon disjugal (*figs.* 5, 7: *disj*). Sillon qui sépare le prosoma de l'opisthosoma. Chez les Opilioacarides il est dorsalement distinct; latéralement il passe dans le sillon abjugal. ***V.*** sillon abjugal. ***Syn.*** sillon *s* (Grandjean, 1936). ***Réf.*** Grandjean, 1936: 422; van der Hammen, 1966: 8, 10, 72, *figs.* 1, 3. ***E.*** disjugal furrow; ***D.*** disjugale Furche.

Sillon épimérique sous-chélicérien (*fig*. 19). Sillon entre le cadre chélicérien et l'infracapitulum (le cervix); le fond du sillon est la ligne d'attache *at* (qui est à la base de l'apodème capitulaire). ***V.*** apodème capitulaire, cadre chélicérien, cervix, ligne d'attache du cadre chélicérien à l'infracapitulum. ***Réf.*** van der Hammen, 1966: 24, *fig*. 10. ***E.*** subcheliceral epimeric furrow; ***D.*** subchelicerale epimerale Furche.

Sillon intersegmentaire (*figs*. 5–7: f_{0-10}). Sillon qui sépare, plus ou moins distinctement, chaque segment opisthosomatique de ses voisins, en suivant les sigilles. La segmentation des Opilioacarides peut être plus ou moins prononcée, suivant la profondeur des sillons intersegmentaires (il ne s'agit pas d'un caractère spécifique, mais d'un caractère assez variable chez chaque espèce). ***Syn.*** weak transverse suture (Krantz, 1971). ***Réf.*** With, 1903a: 139, *pl*. 4 *figs*. 1, 2; Grandjean, 1936: 422; Redikorzev, 1937: 10, *fig*. 1; van der Hammen, 1966: 8, 10, *figs*. 1–3; 1968a: 62; Krantz, 1971: 62, *pl*. 13 *fig*. 1. ***E.*** intersegmental furrow; ***D.*** intersegmentale Furche.

Sillon transversal du prodorsum (*fig*. 5: *tr*). Sillon transversal qui se trouve dans la partie postérieure du prodorsum. Il est légèrement concave vers l'avant et court, mais distinct et assez large; il s'efface hors de la région centrale. Il sépare un grand prostéthidium d'un poststéthidium plus petit. ***V.*** aspidosoma, poststéthidium, prodorsum, prostéthidium, stéthidium. ***Syn.*** dorsal groove between the head and the thorax (With, 1903a). ***Réf.*** With, 1903a: 138, *pl*. 4 *fig*. 1; van der Hammen, 1966: 10, *figs*. 1, 3. ***E.*** transverse prodorsal furrow; ***D.*** prodorsale Querfurche.

Solénidion (*figs*. 23D, 24D, E, 26–28, 29C, E, 30C: θ, φ, ω), *n.m.* Phanère creux (souvent baculiforme ou claviforme), à paroi mince, implanté sur le palpe et les pattes à la manière des poils, mais à racine très courte et largement ouverte. Dans le cas des Opilioacarides, les solénidions ne présentent pas de stries internes; puisqu'on ne dispose pas du critère de l'absence d'actinopiline, la distinction des solénidions repose exclusivement sur les caractères mentionnés ci-dessus. Chez les Opilioacarides on trouve des solénidions sur le tarse du palpe, et sur le fémur, le tibia, et le tarse (basitarse, télotarse, acrotarse) des pattes. Le télotarse I présente deux solénidions enfoncés, dont un est complètement caché. ***V.*** organe télotarsal, phanère. ***Syn.*** sense hair (p.p.) (With, 1903a). ***Réf.*** Grandjean, 1936: 429, 433–434, 442–443, *fig*. 5; van der Hammen, 1966: 34, 40–41, 43, 45, 75, *figs*. 14B, D, 15–18, 19C, E, 20C; 1968a: 69, *fig*. 4. ***E.*** solenidion; ***D.*** Solenidion, *n.n.*

Stase (*figs*. 2, 3), *n.f.* Une des formes successives qu'un animal, incapable de grossir sans changer de peau, a ou acquiert successivement par ses mues, au cours de son ontogénèse postembryonnaire, à condition que ces formes se distinguent les unes des autres, d'une mue à la suivante, par des caractères de surface qui soient précis, de tout ou rien (c'est-à-dire à condition de ne tenir aucun compte des mues de croissance simple ou de répétition s'il y en a), et à condition qu'il s'agisse de niveaux idionymiques qu'on puisse homologuer avec les niveaux d'autres taxons. ***V.*** adulte, calyptostase, cycle vital, développement postembryonnaire, élattostase, immature, phase. ***Réf.*** van der Hammen, 1966: 47–48, 59–60, 75; 1969a: 121–122, 126–127; Coineau, 1973: 1181. ***E.*** stase; ***D.*** Stase, *n.f.*

Sternapophyses (*fig.* 6: *SA*), *n.f. pl.* Excroissances (au nombre d'une paire) portées par la région sternale du segment III, le premier segment du podosoma; les sternapophyses sont de forme allongée, et elles portent des poils (un poil terminal et un, rarement trois ou quatre, poils antilatéraux). Les bases des deux sternapophyses sont assez rapprochées, séparées seulement par un petit intervalle. En général (d'après du matériel conservé) elles sont appliquées contre la surface ventrale de l'infracapitulum, des deux côtés de la gouttière subcapitulaire. Les sternapophyses représentent peut-être la paire d'endites des pattes I. ***V.*** endites prosomatiques. ***Syn.*** appendices labiales (Silvestri, 1905), appendices labiaux (Naudo, 1963), labial appendages (With, 1903a), labiales Tritosternum (Vitzthum, 1931; 1940; 1942), median bifid process (Snodgrass, 1948), paired tritosternal base (Krantz, 1971), stylets (Chamberlin & Mulaik, 1942), tritosternal element (Krantz, 1971), tritosternum (Grandjean, 1936; Baker & Wharton, 1952; Baker, Camin, Cunliffe, Woolley & Yunker, 1958; Evans, Sheals & Macfarlane, 1961. ***Réf.*** With, 1903a: 140, *pl.* 4 *figs.* 3, 19; Grandjean, 1936: 435, 438, 441, *fig.* 3B; 1970: 812; Vitzthum, 1940: 33; 1942: 751; van der Hammen, 1966: 21, 53, 75, *figs.* 2–3, 8–9; 1969a: 125, *fig.* 5A, B; Krantz, 1971: 13, 62, *pl.* 3, *fig.* 3. ***E.*** sternapophyses; ***D.*** Sternapophysen, *n.f. pl.*

Sternum (*fig.* 6; *ST*), *n.m.* Partie sclérotisée de la région sternale des pattes, de forme plus ou moins pentagonale. Le bord antérieur du sternum est en arrière des pattes I. Latéralement le sternum présente un rebord faible. La région la plus large du sternum se situe en arrière des coxae IV, là où il passe dans l'opisthosoma (la région génitale a une position avancée entre les coxae IV). Le sternum porte une paire de verrues sternales et plusieurs sigilles, poils et lyrifissures. ***V.*** verrue sternale. ***Réf.*** With, 1903a: 140, *pl.* 4 *fig.* 3; van der Hammen, 1966: 21–22, *fig.* 2. ***E.*** sternum; ***D.*** Sternum, *n.n.*

Stéthidium (*fig.* 5), *n.m.* Région prodorsale. Terme employé en composition (pro- et poststéthidium) pour indiquer les deux parties (il ne s'agit pas de sclérites) du prodorsum (en avant et en arrière du sillon transversal). ***V.*** poststéthidium, prostéthidium, sillon transversal du prodorsum. ***Réf.***

van der Hammen, *1969: 196–197, 200; 1969a: 130. ***E.*** stethidium; ***D.*** Stethidium, *n.n.*

Stéthosoma (*fig.* 7), *n.m.* Le prosoma sans le gnathosoma. C'est une partie du corps constituée par les segments III–VI, des parties des segments I et II, et des métamères préchélicériens. Le stéthosoma n'est pas un tagma, mais une formation secondaire de nombreux Acariens. ***Réf.*** van der Hammen, 1969a: 130. ***E.*** stethosoma; ***D.*** Stethosoma, *n.n.*

Stigmate (*figs.* 7, 9E, F, 10: *st.* 1–4), *n.m.* Trou irrégulier (dépourvu de protection) dans le tégument faiblement sclérotisé de l'opisthosoma, d'où partent les trachées. Près du stigmate, la paroi d'une trachée est plus sclérotisée et forme un petit coude. Les Opilioacarides présentent quatre paires de stigmates à position latérodorsale; ceux-ci se trouvent dans les segments IX (stigmate 1), X (stigmate 2), XI (stigmate 3) et XII (stigmate 4). Le niveau de base du stigmate 1 est tritonymphal, des stigmates 2 et 3 protonymphal, et du stigmate 4 deutonymphal. ***V.*** système respiratoire, trachée. ***Réf.*** With, 1903a: 156–157, *pl.* 4 *fig.* 2, *pl.* 5 *fig.* 13; Grandjean, 1935: 207, *fig.* 3A, B; 1936: 436; Vitzthum, 1931: (3)11, *fig.* 12; 1940b: 359, *fig.* 240; Kaestner, 1956: 627; Hughes, 1959: 191, *pl.* 1; van der Hammen, 1966: 16–17, *figs.* 1, 3, 4E, F; 1968: 273; 1969a: 115, 121, 126–127, *fig.* 1; Krantz, 1971: 19, *fig.* 5a, pl. 13 fig. 1. ***E.*** stigma, *pl.* stigmata; ***D.*** Stigma, *n.n.*

Subcapitulaire, *adj.* Qualifie ce qui appartient à la face ventrale de l'infracapitulum. ***E.*** subcapitular; ***D.*** subcapitulär.

Synthétique, *adj.* Employé pour indiquer que les Opilioacarides possèdent à la fois des caractères des Anactinotrichida et quelques caractères (surtout ancestraux) qui font penser à certains Actinotrichida. Le mot est employé mal à propos, car il ne s'agit pas de synthèse. ***Réf.*** Grandjean, 1936: 440; 1970: 804n. ***E.*** synthetic; ***D.*** synthetisch.

Système, *n.m.* ***E.*** system; ***D.*** System, *n.n.*

Système respiratoire (*fig.* 9F). Chez les Opilioacarides on trouve quatre paires de stigmates opisthosomatiques (à niveaux de base différents) d'où partent des trachées. ***V.*** stigmate, trachée. ***Réf.*** With, 1903a: 156–158, *pl.* 4 *fig.* 2, *pl.* 5 *fig.* 13; Grandjean, 1935: 207, *fig.* 3A; 1936: 436; Vitzthum, 1931: (3)11, *fig.* 12; 1940b: 359 *fig.* 240; Hughes, 1959: 191, *pl.* 1; van der Hammen, 1966: 16–17, *figs.* 1, 3, 4F, 1968: 273; 1969a: 126–127, *fig.* 1; Krantz, 1971: 19, *fig.* 5a, *pl.* 13 *fig.* 1. ***E.*** respiratory system; ***D.*** respiratorisches System.

T

Tache, *n.f.* ***E.*** spot; ***D.*** Fleck, *n.m.*

Tache oculaire (*fig.* 9A, 13A, C). Tache presque noire, entourant les yeux, et constituée par des granules d'un pigment violet, présents en abondance. ***V.*** groupe oculaire, œil. ***Syn.*** eye-patch (van der Hammen, 1966). ***Réf.*** Grandjean, 1936: 420; van der Hammen, 1966: 7. ***E.*** eye-spot; ***D.*** Augenfleck.

Taenidie, *n.f.* Structure rubanée externe en forme de rigole ou gouttière plus ou moins ouverte, relativement longue et étroite, courant à la surface du tégument. Le fond d'une taenidie est le plus souvent accidenté irrégulièrement ou ornementé. Il y a deux sortes de taenidies: les taenidies qui servent au transport des produits de glandes, et les taenidies qui servent (apparemment) à la protection d'un stigmate (la dernière catégorie ne se trouve pas chez les Opilioacarides). ***Réf.*** Grandjean, 1944: 142–146; 1968: 382. ***E.*** taenidium; ***D.*** Taenidie, *n.f.*

Taenidie sternale (*fig.* 6: *tes*). Taenidie paire, se trouvant dans la région sternale du podosoma, et s'étendant, de chaque côté, de l'orifice des glandes coxales (apparemment entre les coxae I et II) jusqu'à un petit espace entre les sternapophyses, où ils passent dans la gouttière subcapitulaire. Il s'agit d'une bande concave (plus ou moins hémicylindrique), non fermée, à bords nets, et à fond irrégulièrement accidenté. ***V.*** gouttière subcapitulaire. ***Syn.*** canal podocéphalique (p.p.) (Grandjean, 1944), glandular duct (With, 1903a), gouttière *u* (Grandjean, 1936), organe adaxial (p.p.) (Naudo, 1963), Rinne die eine rückwärtige Fortsetzung der Hypostomrinne bildet (Vitzthum, 1940), salivary duct (With, 1903a), sillon *u* (Grandjean, 1936). ***Réf.*** With, 1903a: 166, *pl.* 4 *fig.* 19; Grandjean, 1936: 435, 438, *fig.* 3B; 1944: 144–146; 1970: 811–812; Vitzthum, 1940: 49, *fig.* 10; van der Hammen, 1966: 21–22, 75, *fig.* 2; 1968: 277; 1968b: 403; 1971: 472; 1972a: 274; 1973: 275. ***E.*** sternal taenidium; ***D.*** sternale Taenidie.

Tarse (*tabl.* 2, *figs.* 23B–E, 24E, 25–28, 29E, 30–31; *TA*), *n.m.* Article subterminal du palpe et des pattes. Il fait suite au tibia, et il porte l'apotèle. Le tarse des pattes peut être divisé en plusieurs articles adesmatiques (basitarse, télotarse, acrotarse, prétarse). ***V.*** acrotarse, basitarse, prétarse, télotarse. ***Syn.*** métatarse + tarse [des pattes] (Naudo, 1963), metatarsus + tarsus [of the legs] (With, 1903a; Chamberlin & Mulaik, 1942), tarsus (p.p.) [of the palp] (With, 1903a), Tarsus + Praetarsus [der Beine] (Redikorzev, 1937). ***Réf.*** With, 1903a: 148, 152, 154, 156, *pl.* 4 *fig.* 9, *pl.* 5 *figs.* 1–5; Grandjean, 1936: 429–430, *fig.* 5A; van der Hammen, 1966: 34, 54–56, *figs.* 14B–E, 15, 17–19. ***E.*** tarsus; ***D.*** Tarsus, *n.m.*

Technique, *n.f.* Ensemble de procédés employés pour effectuer une investigation. ***V.*** élevage, observation, préparation, récolte. ***E.*** technique; ***D.*** Technik, *n.f.*

Tectum, *n.m.* ***E.*** tectum, ***D.*** Tectum, *n.n.*

Tectum synaptique (*figs.* 17, 18C: *SY*). Tectum latéral presque membraneux, qui réunit, des deux côtés, le tégulum aux grandes carènes latérales de l'infracapitulum. Il s'agit d'un prolongement de la paroi latérale du gnathosoma. Le bord présente, près de l'attache au tégulum, une dent arrondie. Le tectum synaptique appartient au cadre chélicérien. Sa fonction est plus de renforcer que de protéger. ***V.*** cadre chélicérien, grande carène latérale de l'infracapitulum, tégulum. ***Réf.*** Grandjean, 1936: 427, *fig.* 2; van der Hammen, 1966: 27, 75, *fig.* 9; 1970b: 18. ***E.*** synaptic tectum; ***D.*** synaptisches Tectum.

Tégulum (*fig.* 19: *TG*), *n.m.* Région dorsale du cadre chélicérien. C'est la paroi du corps entre le bord antérieur de la région rostrale et les gaines chélicériennes. Chez les Opilioacarides, le tégulum est relativement petit et faiblement sclérotisé, à ornementation granuleuse (ou légèrement coniculée). ***V.*** cadre chélicérien, gaine chélicérienne, région rostrale. ***Syn.*** cheliceral tectum (van der Hammen, 1966), rostrum (p.p.) (With, 1903a). ***Réf.*** van der Hammen, 1966: 28, 71, *fig.* 10; 1968a: 74. ***E.*** tegulum; ***D.*** Tegulum, *n.n.*

Tégument, *n.m.* La peau. Elle comprend plusieurs couches: une couche vivante (hypoderme) à l'intérieur, une couche développée par exsudation (cérotégument) à l'extérieur, et plusieurs couches constituant la cuticule ou l'ectosquelette. ***V.*** cérotégument, cuticule, hypoderme. ***Réf.*** Vitzthum, 1940: 129; van der Hammen, 1966: 8, 52; 1968a: 71. ***E.*** integument; ***D.*** Tegument, *n.n.*

Télofémur (*tabl.* 3, *figs.* 24A, 26–28, 29C; *TF*), *n.m.* Subdivision distale adesmatique des fémurs I–IV, séparée du basifémur par l'anneau basifémoral. ***V.*** anneau basifémoral, basifémur. ***Réf.*** van der Hammen, 1966: 35–36, 57, *tab.* 2, *figs.* 15A, 17–18, 19C; 1970a: 12–13, *tab.* 1. ***E.*** telofemur; ***D.*** Telofemur, *n.n.*

Télotarse (*tabl.* 3, *figs.* 24E, 25–28, 29E, 30B–D; *TTA*), *n.m.* Subdivision distale adesmatique du tarse I, et subdivision adesmatique du milieu des tarses II–IV. Le télotarse est separé du basitarse par la scissure basitarsale; aux pattes II–IV il est séparé, en outre, de l'acrotarse par la scissure télotarsale. ***V.*** acrotarse, basitarse, scissure basitarsale, scissure télotarsale. ***Syn.*** Basitarsus [II–IV] (Vitzthum, 1940), Praetarsus (Redikorzev, 1937), tarse (Naudo, 1963), tarsus (With, 1903a; Chamberlin & Mulaik, 1942), Tarsus [I] (Vitzthum, 1940). ***Réf.*** Vitzthum, 1940: 89; van der Hammen, 1966: 35–47, 56–57, 75, *tab.* 2, *figs.* 15E, 17, 18; 1970a: 12–13, *tab.* 1. ***E.*** telotarsus; ***D.*** Telotarsus, *n.m.*

Télotibia (*tabl.* 3, *fig.* 24D; *TTI*), *n.m.* Subdivision distale, adesmatique du tibia I de plusieurs espèces d'Opilioacarides. Le télotibia est séparé du basitibia par la scissure mésotibiale. ***V.*** basitibia, scissure mésotibiale. ***Réf.*** Grandjean, 1936: 430; van der Hammen, 1966: 36, 56–57, 75, *tab.* 2, *fig.* 15D. ***E.*** telotibia; ***D.*** Telotibia, *n.f.*

Tendon (*t*), *n.m.* Bande ou corde de tissu dur (résistant à l'acide lactique), constituant la liaison entre un muscle et son endroit d'insertion. ***V.*** articulation eudesmatique. ***Réf.*** van der Hammen, 1966: 35–38, 54–55, 75; 1970a: 12–13, *tab.* 1. ***E.*** tendon; ***D.*** Sehne, *n.f.*

Tibia (*tabl.* 2, *figs.* 23B–E, 24D, 26–28, 29E; TI), *n.m.* Article eudesmatique du palpe et des pattes, entre le génual et le tarse. Aux pattes, les articulations avec le génual et le basitarse sont monodesmatiques, monocondyliennes et monovalentes. Au palpe l'articulation génual/tibia paraıt être bivalente, tandis que l'articulation tibia/tarse est comme aux pattes. Au palpe le tarse prolonge le tibia, de sorte qu'ensemble ils constituent un segment apparent. ***Syn.*** tarsus [of the palp] (p.p.) (With, 1903a). ***Réf.*** With, 1903a: 149, 153–155, *pl.* 4 *fig.* 9, *pl.* 5 *figs.* 1, 3–5; Grandjean, 1936: 420, 429, *fig.* 5A; van der Hammen, 1966: 34–36, 41, 54–56, *tab.* 1, *figs.* 14B–E, 15D, 17–18, 19E. ***E.*** tibia; ***D.*** Tibia, *n.f.*

Trachée (*fig.* 9F: *tr. 1–4*), *n.f.* Chacun des tubes chitineux qui pénètrent dans le corps en partant des quatre paires de stigmates. Le système trachéen des Opilioacarides est bien développé, et les trachées sont plus ou moins divisées en branches; la trachée 1 est la plus faible. ***V.*** stigmate, système respiratoire. ***Réf.*** With, 1903a: 156–158, *pl.* 5 *fig.* 13; Grandjean, 1935: 207, *fig.* 3B; 1936: 436; van der Hammen, 1966: 16, *fig.* 4F. ***E.*** trachea; ***D.*** Trachee, *n.f.*

Tritonymphe (*figs.* 3A, 4B, C: *n3*), *n.f.* Troisième nymphe, cinquième stase du développement postembryonnaire; elle fait partie de la phase nymphale. Elle est caractérisée par la présence de quatre paires de stigmates (le stigmate 1 apparaît à la stase tritonymphale) et de deux trochanters aux pattes III et IV. Par rapport aux autres stases, la tritonymphe a un nombre plus ou moins caractéristique de poils sur les verrues sternales et génitales et dans la région prégénitale et génitale. La tritonymphe est sexuée; on peut reconnaître les tritonymphes mâles à la présence d'un nombre variable de poils prégénitaux (absents chez la tritonymphe femelle), et au fait que les poils génitaux de la tritonymphe mâle sont composites (spiniformes chez la tritonymphe femelle). ***V.*** cycle vital, développement postembryonnaire, dimorphisme sexuel. ***Réf.*** van der Hammen, 1969a: 121–122, 126–127; Coineau & van der Hammen, 1976 (sous presse). ***E.*** tritonymph; ***D.*** Tritonymph, *n.f.*

Trochanter (*tabl.* 2, *figs.* 22, 23A, 24B, 26, 27: *TR*), *n.m.* Premier article eudesmatique de la chélicère et du palpe, et second article eudesmatique des pattes (dans le cas des pattes III et IV des tritonymphes et des adultes il y a un trochanter 1 suivi d'un trochanter 2). L'articulation du trochanter avec le fémur est bidesmatique (tendons: tf_s et tf_i), bicondylienne et bivalente. ***Syn.*** basal joint [of antenna] (With, 1903a), segment 1 [of chelicera] (van der Hammen, 1966). ***Réf.*** With, 1903a: 148–149, 152–153, *pl.* 4 *fig.* 10, *pl.* 5 *figs.* 1, 3; Grandjean, 1936: 430; van der Hammen, 1966: 32, 34–35, 43, 54–56, *tab.* 1, *figs.* 13, 14A, 15B, 17; 1970a: 12–15, *tab.* 2, *fig.* 1. ***E.*** trochanter; ***D.*** Trochanter, *n.m.*

Trochanter 1 (*tabl.* 2, *figs.* 28, 29A: *TR.1*), *n.m.* Deuxième article eudesmatique des pattes III et IV de la tritonymphe et de l'adulte. L'articulation avec le trochanter 2 est bidesmatique (tendons: tr_s et tr_i), bicondylienne et bivalente. ***Syn.*** basitrochanter (Grandjean, 1936). ***Réf.*** With, 1903a: 152, 156, *pl.* 5 *figs.* 4–5; Grandjean, 1936: 429–430; van der Hammen, 1966: 35–36, 43, 45, 54–56, 76, *tab.* 1, *figs.* 18, 19A; 1970a: 12–13, *tab.* 2. ***E.*** trochanter 1; ***D.*** Trochanter 1, *n.m.*

Trochanter 2 (*tabl.* 2, *figs.* 28, 29B: *TR.2*), *n.m.* Troisième article eudesmatique des pattes III et IV de la tritonymphe et de l'adulte. Les articulations avec le trochanter 1 (tendons: tr_s et tr_i) et le fémur (tendons: tf_s et tf_i) sont bidesmatiques, bicondyliennes et bivalentes. Chez la deutonymphe le trochanter 2 des pattes III et IV est incomplètement développé (il prend la place du basifémur); l'articulation (incomplète) présente un tendon tf_s, un condyle *k″* et une lyrifissure composite *if′* (par conséquent l'article présente, à la fois, des caractères d'un trochanter 2 et d'un basifémur). ***Syn.*** télotrochanter (Grandjean, 1936), trochanter II (With, 1903a), trochanterofémur (Naudo, 1963). ***Réf.*** With, 1903a: 152, 155–156, *pl.* 5 *figs.* 4–5; Grandjean, 1936: 429–430; Naudo, 1963: 23, *figs.* 10–11, 19–22; van der Hammen, 1966: 35–36, 43, 54–56, 76, *tab.* 1, *figs.* 18, 19B; 1970a: 12–13, *tab.* 2; 1976a (sous presse). ***E.*** trochanter 2; ***D.*** Trochanter 2, *n.m.*

Tube, *n.m.* ***E.*** canal; ***D.*** Kanal, *n.m.* (traductions applicables seulement dans le cas de tube digestif).

Tube digestif. Organe qui traverse le corps de la bouche à l'anus. On peut distinguer la bouche, le pharynx, l'œsophage, l'estomac, l'intestin, le côlon, le rectum et l'anus. ***V.*** anus, bouche, pharynx, œsophage. ***Réf.*** With, 1903a: 161–164, *pl.* 6 *figs.* 2–3, 5–7, 11–12; Vitzthum, 1931: (3)10–(3)11; 1940a: 266–268; Hughes, 1959: 163–164; Coineau & Legendre 1976 (en préparation). ***E.*** alimentary canal; ***D.*** Verdauungskanal, *n.m.*

Tubercule, *n.m.* ***E.*** tubercle; ***D.*** Tuberkel, *n.f.*

Tubercule anal (*figs.* 5–8). Tubercule terminal de l'opisthosoma; il porte l'anus à son extrémité. C'est le segment XIX, le dernier segment du corps, qui est distinctement rétréci. Le tubercule est dirigé obliquement en bas; il peut être partiellement rétracté jusqu'à ne plus être saillant (apparemment grâce à des muscles et une bande de peau molle entre les segments XVIII et XIX). Dans cet état de rétractation l'anus est complètement fermé. Évidemment les deux moitiés du tubercule servent de volets anaux. La cuticule du tubercule présente des poils papilliformes et quelques lyrifissures, tandis que la microsculpture est coniculée. Le bord paraxial de chaque moitié (il s'agit d'une bande) est lisse et glabre. Quand ces bandes se touchent, l'anus est déjà fermé; en état de rétractation, les bandes lisses ne sont (presque) plus visibles. ***V.*** anus, volet anal. ***Syn.*** anal hill (With, 1903a). ***Réf.*** With, 1903a: 139, 160, *pl.* 4 *fig.* 1; Grandjean, 1936: 419; 1970: 805; van der Hammen, 1966: 17, 70, *figs.* 1–3; 1969a: 115–118, *fig.* 2. ***E.*** anal tubercle; ***D.*** Analtuberkel.

V

Verrue, *n.f.* ***E.*** verruca; ***D.*** Warze, *n.f.*

Verrue génitale (*figs.* 4, 6, 11, 12B, C:*Vg*). Capsule qui flanque, à droite et à gauche, la fente génitale. Elle peut s'ouvrir par une fente le long de son bord postérieur et paraxial. Elle couvre la papille génitale invaginée, qui peut sortir (être dévaginée) si la verrue s'ouvre. Les verrues sont présentes dès la larve; à partir de la protonymphe elles portent des poils. Le nombre de poils est variable, et dépend de la stase (et peut-être du sexe); la verrue de la protonymphe ne présente qu'un seul poil. Parmi les poils il y a un poil composite (*pvg*), dont le niveau de base est protonymphal; la verruc porte, en outre, une lyrifissure (*ivg*). On a fait l'hypothèse que la verrue génitale représente l'exite d'un appendice opisthosomatique. ***V.*** appendices opisthosomatiques, exite, papille génitale. ***Syn.*** capsule (Grandjean, 1936; Evans, Sheals & Macfarlane, 1961); capsule copulatrice (Naudo, 1963), capsule prégénitale (Grandjean, 1970), copulatory sucker (With, 1903a), cucurbitula copulatoria (Silvestri, 1905), hochgewölbte Klappe (Vitzthum, 1940b), Saugnapf (Redikorzev, 1937). ***Réf.*** With, 1903a: 167, *pl.* 5 *figs.* 8–11, 13; Grandjean, 1936: 436; 1938b: 287–288; 1970: 805–806; Vitzthum, 1940b: 397; van der Hammen, *1966: 17, 19, 59, 72, *figs.* 2, 5, 6F; 1968a: 64, 73, *fig.* 2B, C.; 1969a: 119, 121, 127, *tab.* 4, *fig.* 3; 1976 (sous presse). ***E.*** genital verruca; ***D.*** Genitalwarze.

Verrue sternale (*fig.* 6:*Vs*). Petite bosse, paire, dans la région sternale de la patte II. La forme générale ressemble à celle des verrues génitales. Elle présente une lyrifissure *ivs*, un poil composite *pvs* (à partir de la protonymphe) et plusieurs autres poils (à partir de la deutonymphe; le nombre est variable, et dépend de la stase). Les verrues sternales représentent peut-être les endites des pattes II. ***V.*** endites prosomatiques. ***Réf.*** van der Hammen, *1966: 22, 75 *fig.* 2; 1969a: 121, 127, *tab.* 4. ***E.*** sternal verruca; ***D.*** Sternalwarze.

Verticille, *n.m.* Disposition circulaire de poils autour d'un appendice. C'est l'élément fondamental de la chaetotaxie. Un verticille primitif d'Opilioacaride est composé de sept poils: un dorsal (*d*), deux latérodorsaux (*ld*), deux latéraux (*l*), ou latéroventraux (*lv*) et deux ventraux (*v*). Au cours de l'évolution, les verticilles se sont diversifiés (déplacements, perte de poils) ou multipliés (cosmiotrichie linéaire). ***V.*** cosmiotrichie linéaire. ***Réf.*** van der Hammen, 1966: 58, 76. ***E.*** verticil; ***D.*** Verticillus, *n.m.*

Vertition, *n.f.* Variation de présence/absence pour un organe idionymique (ou pour un de ses caractères), observé chez des individus de la même espèce, à la même stase, quand ces variations sont fondamentalement unilatérales (bien qu'il y ait une possibilité de symétrie) et que nos connaissances générales permettent de leur attribuer une signification évolutive. (On dit qu'une espèce possède un organe à une stase si la probabilité d'existence de cet organe, à cette stase, y est supérieure à 0.5). Les vertitions ne sont pas héréditaires (par opposition à des mutations); ce qui est légué c'est une probabilité de réalisation. Puisque la plus grande partie des poils des Opilioacarides n'est pas idionymique, les vertitions y sont rares. Un exemple de vertition est l'absence, d'un côté, à la stase adulte, du poil pd_2 du segment XVIII. ***Réf.*** Coineau & van der Hammen, 1977 (en préparation). ***E.*** *vertition; ***D.*** Vertition, *n.f.*

Vestige, *n.m.* Ce qui reste d'un organe qui a subi une régression. Une larve d'Opilioacaride, par exemple, présente d'énormes vestiges d'une quatrième paire de pattes. ***Réf.*** Coineau, 1973: 1184, *fig.* 2. ***E.*** vestige; ***D.*** Vestigium, *n.n.*

Volet, *n.m.* ***E.*** valve; ***D.*** Klappe, *n.f.*

Volet anal (*figs.* 6, 8). Pièce paire servant à la fermeture de l'ouverture anale. Chez les Opilioacarides les deux moitiés du tubercule anal servent de volets anaux. La fermeture est effectuée par des muscles. ***V.*** anus, ouverture anale, tubercule anal. ***Réf.*** With, 1903a: 160; van der Hammen, 1966: 17, *figs.* 2–3. ***E.*** anal valve; ***D.*** Analklappe.

Voûte, *n.f.* ***E.*** vault; ***D.*** Gewölbe, *n.n.*

Voûte suprachélicérienne. Prolongement du tégulum en forme de limbe au-dessus des chélicères (le limbe suprachélicérien). La voûte suprachélicérienne (bien connue des Gamasides) ne se trouve pas chez les Opilioacarides. ***V.*** tégulum. ***Réf.*** Grandjean, 1936: 439; 1970: 813. ***E.*** supracheliceral vault; ***D.*** suprachelicerales Gewölbe.

Y

Yeux, *n.m. pl. V.* œil.

ANNEXES

ANNEXE 1. LISTE ALPHABÉTIQUE DES TERMES SYNONYMES

Abdomen (With, 1903a; Chamberlin & Mulaik, 1942; Naudo, 1963) – opisthosoma (sans les régions dorsale et latérale des segments VII et VIII).
Abdomen (Redikorzev, 1937) – opisthosoma.
Accessory setae (Baker, Camin, Woolley & Yunker, 1958; Krantz, 1971) – poils infracapitulaires.
Actinochitin (van der Hammen, 1961) – actinopiline.
Actinochitine (Grandjean, 1936) – actinopiline.
Addomen (Brignoli, 1967) – opisthosoma.
Anal hill (With, 1903a) – tubercule anal.
Antenna (With, 1903a) – chélicère.
Antennal gland (With, 1903a) – glande chélicérienne.
Appendices labiales (Silvestri, 1905) – sternapophyses.
Appendices labiaux (Naudo, 1963) – sternapophyses.
Appendicular processes (Snodgrass, 1948) – rutellum + organe de With.
Article primaire (van der Hammen, 1970a) – article eudesmatique.
Article qui porte le doigt fixe (Grandjean, 1947) – corps chélicérien.
Article secondaire (van der Hammen, 1970a) – article adesmatique.
Article terminal primitif (Grandjean, 1948) – apotèle.
Articulation primaire (van der Hammen, 1970a) – articulation eudesmatique.
Articulation secondaire (van der Hammen, 1970a) – articulation adesmatique.
Articulus primus [chelicerae] (Silvestri, 1905) – trochanter chélicérien.
Articulus secundus [chelicerae] (Silvestri, 1905) – corps chélicérien.
Articulus tertius [chelicerae] (Silvestri, 1905) – mors mobile (apotèle chélicérien).

Basal joint [of antenna] (With, 1903a) – trochanter chélicérien.
Basal part of femur (With, 1903a) – basifémur.
Basitarsus [II–IV] (Vitzthum, 1940) – télotarse.
Basitrochanter (Grandjean, 1936) – trochanter 1.
Bearing a small pointed 'hair' (With, 1903a) – mucroné.
Beweglicher Finger (Redikorzev, 1937) – mors mobile.
Bit [of chela] (van der Hammen, 1966) – mors.
Bord frontal du protérosoma (Grandjean, 1936) – bord rostral.
Bosse axiale en long du dessus du cône buccal (Grandjean, 1936) – selle capitulaire.
Brachium chelae (Silvestri, 1905) – mors.
Brachium inferum chelae (Silvestri, 1905) – mors mobile.
Brachium superum chelae (Silvestri, 1905) – mors fixe.

Cadre mandibulaire (Grandjean, 1936) – cadre chélicérien.
Canal podocéphalique (Grandjean, 1944) – taenidies sternales + gouttière subcapitulaire.
Capitulum (Grandjean, 1936; Snodgrass, 1948; Naudo, 1963) – gnathosoma.
Capsule (Grandjean, 1936; Evans, Sheals & Macfarlane, 1961) – verrue génitale.
Capsule copulatrice (Naudo, 1963) – verrue génitale.
Capsule prégénitale (Grandjean, 1970) – verrue génitale.
Cephalothorax (With, 1903a) – stéthosoma (avec les parties dorsale et latérale des segments VII et VIII).
Cephalothorax (Redikorzev, 1937) – stéthosoma.
Chela (With, 1903a; van der Hammen, 1966) – pince chélicérienne.

Cheliceral tectum (van der Hammen, 1966) – tégulum.
Chitinous tube *tu* (With, 1903a) – gouttière subcapitulaire.
Claw (With, 1903a; Chamberlin & Mulaik, 1942) – ongle.
Claw joint (With, 1903a) – prétarse.
Claw of chela (Chamberlin & Mulaik, 1942) – pince chélicérienne.
Common fissure (With, 1903a) – lyrifissure.
Composite seta (van der Hammen, 1966) – poil composite.
Cône buccal (Grandjean, 1936) – infracapitulum.
Copulatory sucker (With, 1903a) – verrue génitale.
Corniculus maxillaris (Vitzthum, 1931; Redikorzev, 1937) – rutellum.
Coupure (Grandjean, 1936) – scissure.
Coupure du tarse (Grandjean, 1936) – scissure basitarsale.
Coupure [du télotarse] (Grandjean, 1936) – scissure télotarsale.
Coupure du tibia (Grandjean, 1936) – scissure mésotibiale.
Coxa de la mandibule (Grandjean, 1936) – gaine chélicérienne.
Coxa der Chelicere (Vitzthum, 1940) – gaine chélicérienne.
Coxae of pedipalpal appendages (Hughes, 1959) – infracapitulum.
Coxal lobes associated with the hypostome (Snodgrass, 1948) – rutellum + organe de With.
Coxal vault (van der Hammen, 1966) – cavité coxale de l'infracapitulum.
Cucurbitula copulatoria (Silvestri, 1905) – verrue génitale.

Dépression mandibulaire (Grandjean, 1936) – fossé chélicérien.
Deutosternum (Hughes, 1959) – gouttière subcapitulaire.
Digitus fixus (Vitzthum, 1940; Hughes, 1959) – mors fixe.
Distal piece of tarsus [II–IV] (With, 1903a) – acrotarse.
Division postérieure du télotarse [des pattes II–IV] (Grandjean, 1936) – acrotarse.
Doigt fixe (Grandjean, 1947) – mors fixe.
Dorsal groove between head and thorax (With, 1903a) – sillon transversal du prodorsum.
Drüsige Masse (Vitzthum, 1940b) – papille génitale.

Empodium (Vitzthum, 1940) – pulvillus.
Endites of the palpal appendages (Hughes, 1959) – rutellum + organe de With.
Epidermis (With, 1903a) – hypoderme.
Epipharynx (Vitzthum, 1940) – labre.
Epistom (Vitzthum, 1931) – tegulum.
Epistome (Snodgrass, 1948) – cervix.
Extension of arthrodial membrane (van der Hammen, 1966) – oncophyse ventrale de la chélicère.
Eye-patch (van der Hammen, 1966) – tache oculaire.

False articulation (Krantz, 1971) – articulation adesmatique.
False segment at the base of the femur (Chamberlin & Mulaik, 1942) – basifémur.
Fan hair (With, 1903a) – poil papilliforme.
Fausse articulation (Grandjean, 1936) – articulation adesmatique.
Fester Finger (Redikorzev, 1937) – mors fixe.
Finger (With, 1903a; Redikorzev, 1937) – mors.
Fissure (Grandjean, 1935, 1936) – lyrifissure.
Fissure lyriforme (Grandjean, 1936) – lyrifissure.
Fixed bit (van der Hammen, 1966) – mors fixe.

Glandular duct (With, 1903a) – taenidie sternale.

Gouttière sternale du menton *g. ax.* (Grandjean, 1936) – gouttière subcapitulaire.
Gouttière *u* (Grandjean, 1936) – taenidie sternale.
Groove dividing tarsus II–IV into two pieces (With, 1903a) – scissure télotarsale.

Hair bearing a small pointed hair (With, 1903a) – poil mucroné.
Hallersches Organ (Vitzthum, 1940a) – organe télotarsal.
Head (With, 1903a) – prostéthidium.
Head + thorax (With, 1903a; Chamberlin & Mulaik, 1942) – stéthosoma (avec les parties dorsale et latérale des segments VII en VIII).
Hochgewölbte Klappe (Vitzthum, 1940b) – verrue génitale.
Horse-shoe-glands (With, 1903a) – régénérats des pattes.
Hypostome (Snodgrass, 1948) – lèvres latérales.
Hypostome (Baker, Camin, Cunliffe, Woolley & Yunker, 1958) – menton + genae.
Hypostomrinne (Vitzthum, 1940) – gouttière subcapitulaire.
Hysterosoma (Vitzthum, 1931, 1942; Hughes, 1959) – opisthosoma (dorsalement avec le poststéthidium, ventralement avec les segments V et VI du podosoma).
Hystersosoma (Baker & Wharton, 1952) – opisthosoma avec une partie du prosoma (le bord antérieur n'est pas précisé).
Hysterosoma (Evans, Sheals & Macfarlane, 1961; Naudo, 1963) – opisthosoma (ventralement, le bord antérieur n'est pas précisé).

Indentation (Hughes, 1959) – lyrifissure.
Infracapitular vault (van der Hammen, 1966) – chambre pharyngienne.
Intercalary segment between trochanter and femur proper (Chamberlin & Mulaik, 1942) – trochanter 2.

Labial appendages (With, 1903a) – sternapophyses.
Labiales Tritosternum (Vitzthum, 1931, 1940, 1942) – sternapophyses.
Labrum (With, 1903a) – labre + selle capitulaire.
Lateral lobes (With, 1903a) – lèvres latérales.
Lobe maxillaire (Naudo, 1963) – rutellum.
Lobus maxillaris (Silvestri, 1905) – rutellum.
Lower finger [of antennae] (With, 1903a) – mors mobile.
Lyriform area (With, 1903a) – lyrifissure.
Lyriform fissure (With, 1903a; Chamberlin & Mulaik, 1942) – lyrifissure.

Malae maxillares internae (Vitzthum, 1931) – organes de With.
Mandibula (Vitzthum, 1931) – chélicère.
Mandibule (Grandjean, 1935, 1936; André, 1947) – chélicère.
Maxilla (Chamberlin & Mulaik, 1942) – infracapitulum.
Maxillae (With, 1903a; Silvestri, 1905; Vitzthum, 1931) – infracapitulum.
Maxillary gland (With, 1903a; Vitzthum, 1940a) – glande infracapitulaire.
Maxillary lobe (With, 1903a) – rutellum.
Maxillary plate (With, 1903a) – organe de With.
Maxillary spine (With, 1903a) – poil paralabial pl_1 (le petit corniculus).
Maxille (Grandjean, 1936) – rutellum.
Maxille (Naudo, 1963) – infracapitulum.
Median bifid process (Snodgrass, 1948) – sternapophyses.
Median elevated part of cervix (van der Hammen, 1966) – selle capitulaire.
Median incision of tibia I (With, 1903a) – scissure mésotibiale.
Menton (Grandjean, 1936) – face ventrale de l'infracapitulum (menton + genae).

Mentum (van der Hammen, 1961) – face ventrale de l'infracapitulum.
Metasoma (Silvestri, 1905) – opisthosoma (probablement sans les parties latérale et dorsale des segments VII et VIII).
Métatarse (Naudo, 1963) – basitarse.
Métatarse + tarse [des pattes] (Naudo, 1963) – tarse.
Metatarsus (With, 1903a; Vitzthum, 1940; Chamberlin & Mulaik, 1942) – basitarse.
Metatarsus + tarsus [of the legs] (With, 1903a; Chamberlin & Mulaik, 1942) – tarse.
Movable bit (van der Hammen, 1966) – mors mobile.
Muscle attachment (van der Hammen, 1966, 1968) – sigille.
Muscular spot (With, 1903a) – sigille.

Ocellus (Krantz, 1971) – œil.
Ongle (Grandjean, 1936) – griffe.
Opisthosoma (Vitzthum, 1931; Hughes, 1959; Naudo, 1963) – opisthosoma (sans les parties dorsales et latérales des segments VII et VIII).
Organe adaxial (Naudo, 1963) – taenidies sternales + gouttière subcapitulaire.
Organe de Haller (Grandjean, 1936) – organe télotarsal.
Organe lyriforme (Grandjean, 1935, 1936) – lyrifissure.
Organe maxillaire (Grandjean, 1936) – rutellum.
Organe muscullaire (sic!) (Hughes, 1959) – rutellum.

Paired tritosternal base (Krantz, 1971) – sternapophyses.
Palpal tarsus (With, 1903a) – tibia + tarse du palpe.
Palpal tibia (With, 1903a) – génual du palpe.
Papille (André, 1947; Naudo, 1963) – poil papilliforme.
Paralabra (Vitzthum, 1940; Hughes, 1959) – lèvres latérales.
Pars maxillaris gnathopodum (Silvestri, 1905) – infracapitulum.
Patella (With, 1903a; Chamberlin & Mulaik, 1942; Brignoli, 1967) – génual.
Pedipalp coxae (Snodgrass, 1948) – infracapitulum.
Pedotectal lobe (van der Hammen, 1966) – lobe suprapédieux.
Peli *FH* (Brignoli, 1967) – poils papilliformes.
Peli *PH* (Brignoli, 1967) – poils ordinaires (ou mucronés).
Poil en quart de cercle (Grandjean, 1936) – coronidion.
Poil *sm* (Grandjean, 1936) – poil composite.
Poils du capitulum (Grandjean, 1936) – poils infracapitulaires (les poils 1, 5, 3 et 4 de Grandjean sont les poils circumbuccaux cb_{1-4}; le poil 2 est le poil paralabial pl_1; les poils 6 et 7 sont les poils vm_{1-2}; le poil 8 est le poil *lvm*; le poil 9 est le poil *ldm*; les poils 10 et 11 sont les poils lvp_{1-2}; les poils 12, 13 et 14 sont les poils vp_{1-3}).
Pointed hair (With, 1903a) – poil ordinaire (ou mucroné).
Praetarsus (Redikorzev, 1937) – télotarse.
Préanal (lapsus; Grandjean, 1936) – prégénital.
Pregenital sac (van der Hammen, 1966) – papille génitale.
Presternal stylets (Chamberlin & Mulaik, 1942) – sternapophyses.
Pretarsus (Camin, Clark & Gorirossi Bourdeau, 1958) – apotèle.
Pretarsus of palp (Snodgrass, 1948) – apotèle palpien.
Primaire (van der Hammen, 1970a) – eudesmatique.
Primary (van der Hammen, 1966) – eudesmatique.
Primary articulation (van der Hammen, 1966) – articulation eudesmatique.
Primary segment (van der Hammen, 1966) – article eudesmatique.
Principal cheliceral segment (van der Hammen, 1966) – corps chélicérien.

Prodorsal furrow (van der Hammen, 1966) – sillon abjugal.
Propodosoma (Evans, Sheals & Macfarlane, 1961) – prosoma (ventralement, le bord postérieur n'est pas précisé).
Propodosoma (Vitzthum, 1931; Hughes, 1959) – prosoma (dorsalement sans le poststéthidium, ventralement sans les segments V et VI du podosoma).
Propodosoma (p.p.) (Krantz, 1971) – aspidosoma, prodorsum.
Propodosomatalschild (Vitzthum, 1940) – prodorsum.
Prosoma (Silvestri, 1905) – prosoma (probablement avec les parties dorsales et latérales des segments VII et VIII).
Prosoma (Vitzthum, 1931; Hughes, 1959; Naudo, 1963) – prosoma (avec les parties dorsales et latérales des segments VII et VIII).
Proximal piece of femur (With, 1903a) – basifémur.
Proximal piece of labrum (With, 1903a) – selle capitulaire.
Proximal segment to femur (Chamberlin & Mulaik, 1942) – basifémur (?).
Pseudocapitulum (With, 1903a; Chamberlin & Mulaik, 1942; Naudo, 1963) – gnathosoma.

Radula-like organ (Baker & Wharton, 1952) – labre.
Rinne die eine rückwärtige Fortsetzung der Hypostomrinne bildet (Vitzthum, 1940) – taenidie sternale.
Root of the antennae (With, 1903a) – trochanter chélicérien.
Rostrum (With, 1903a) – tégulum + gaines chélicériennes.
Rostrum (Grandjean, 1936) – partie dorsale des gaines chélicériennes.
Rounded prominence on lateral margin of thorax (Chamberlin & Mulaik, 1942) – lobe suprapédieux.

Sac profond et peu épais à parois chitineuses (Grandjean, 1936) – papille génitale.
Salivary duct (With, 1903a) – taenidie sternale.
Saugnapf (Redikorzev, 1937) – verrue génitale.
Second joint of antenna (With, 1903a) – corps chélicérien.
Secondaire (van der Hammen, 1970a) – adesmatique.
Secondary (van der Hammen, 1966) – adesmatique.
Secondary segment (van der Hammen, 1966) – article adesmatique.
Segment [des appendices] (van der Hammen, 1966, 1970a) – article.
Segment primaire (van der Hammen, 1970a) – article eudesmatique.
Segment secondaire (van der Hammen, 1970a) – article adesmatique.
Segment 1 [of chelicera] (van der Hammen, 1966) – trochanter chélicérien.
Segment 2 [of chelicera] (van der Hammen, 1966) – corps chélicérien.
Sense hair (With, 1903a) – coronidion, solénidion.
Sillon *s* (Grandjean, 1936) – sillon disjugal.
Sillon *u* (Grandjean, 1936) – taenidie sternale.
sm seta (van der Hammen, 1966) – poil composite.
Solénidion (Grandjean, 1936) – solénidion, coronidion.
Speicheldrüsenpaar (Vitzthum, 1931, 1940) – régénérats des pattes (les prétendues glandes 'en fer à cheval').
Strongly curved 'tactile' hair (With, 1903a) – coronidion.
Stylets (Chamberlin & Mulaik, 1942) – sternapophyses.
Subcapitular groove (van der Hammen, 1966) – gouttière subcapitulaire.
Subcapitulum (Johnston, 1968; Krantz, 1971) – infracapitulum.
Subcheliceral plate (Hughes, 1959) – cervix.

Tache d'insertion musculaire (Grandjean, 1936) – sigille.
Tarse (Naudo, 1963) – télotarse (+ acrotarse).
Tarsus (With, 1903a; Chamberlin & Mulaik, 1942) – télotarse (+ acrotarse).
Tarsus (Redikorzev, 1937) – basitarse.
Tarsus [der Mandibulae] (Vitzthum, 1931) – apotèle chélicérien.
Tarsus [of the palp] (With, 1903a) – tibia + tarse.
Tarsus [I] (Vitzthum, 1940) – télotarse,
Tarsus + Praetarsus [der Beine] (Redikorzev, 1937) – tarse.
Tectum (Snodgrass, 1948) – tégulum.
Télotarse [II–IV] (Grandjean, 1936) – télotarse + acrotarse.
Telotarsus [II–IV] (Vitzthum, 1940) – acrotarse.
Télotrochanter (Grandjean, 1936) – trochanter 2.
Thorax (With, 1903a) – région du corps comprise, dorsalement, entre le sillon transversal du prodorsum et le bord antérieur du segment IX; ventralement elle correspond au podosoma.
Tibia [of the palp] (With, 1903a) – génual.
Tibia der Mandibulae (Vitzthum, 1931) – partie distale du corps chélicérien (le mors fixe).
Transverse groove on ventral surface of leg (Chamberlin & Mulaik, 1942) – lyrifissure.
Tritosternal element (Krantz, 1971) – sternapophyse.
Tritosternum (Grandjean, 1936; Baker & Wharton, 1952; Baker, Camin, Cunliffe, Woolley & Yunker, 1958; Evans, Sheals & Macfarlane, 1961) – sternapophyses.
Trochanter II (With, 1903a) – trochanter 2.
Trochanterofémur (Naudo, 1963) – trochanter 2.

Upper finger [of antennae] (With, 1903a) – mors fixe.

Ventral side of fused maxillae (With, 1903a) – menton + genae.

Weak transverse suture (Krantz, 1971) – sillon intersegmentaire.

ANNEXE 2. NOTATIONS, ABRÉVIATIONS, LETTRES GRECQUES, SIGNES SYMBOLIQUES

abj, sillon abjugal.
ac. P, acétabulum du palpe.
ac. I–IV, acétabula des pattes I–IV.
ad, *Ad*, adulte.
AM, ambulacre.
AP, apotèle.
ap. c, apodème capitulaire.
at, ligne d'attache du cadre chélicérien à l'infracapitulum.
ATA, acrotarse.
ATR. II–III, apophyses dorsales des trochanters II, III.

b, bouche.
BF, basifémur.
bsy, bord du tectum synaptique.
BTA, basitarse.
BTI, basitibia'

c, *c'*, *c''*, condyles.
cb_{1-4}, poils circumbuccaux.
CC, cavité coxale de l'infracapitulum.
CE, cervix.
ch_1'', ch_2', ch_2'', ch_3', poils du corps chélicérien.
CH, chélicère.
cht, poil du trochanter chélicérien.
CM, cavité malaire.
CP, chambre pharyngienne.
CX, coxa.
CX.C, gaine chélicérienne.
CX.PA, région coxale du palpe.
CX.I–IV, coxae I/IV.

d, poil dorsal des appendices.
D_{1-10}, sigilles dorsaux de l'opisthosoma.
dg, ductus de la glande infracapitulaire.
disj, sillon disjugal.
dr, droite.

ed, épine dorsale de l'ovipositeur.
eI, *eII*, poils latérocoxaux des pattes I–II.

f, solénidion à demi enfoncé de l'organe télotarsal.
f_{0-10}, sillons intersegmentaires de l'opisthosoma.
F, fémur.

FC, fossé chélicérien.
FOR, fossé oculorostral.

g, gauche.
G, gena.
gc, grande carène latérale de l'infracapitulum.
GE, génual.
gl, glande.
go, gosier.

h, solénidion caché de l'organe telotarsal.
H, menton.

i, cupule, lyrifissure.
ibt'', lyrifissure latérodorsale du basitarse.
ibv, lyrifissure ventrodistale du basitarse.
id, lyrifissure dorsale de la chélicère.
if', *if''*, lyrifissures de l'anneau basifémoral.
INF, infracapitulum.
itav', *itav''*, lyrifissures (cupules) ventrales de la scissure basitarsale I.
ite', *ite''*, lyrifissures basidorsales du télotarse.
itiv, lyrifissure ventrale de la scissure mésotibiale.
itr'', lyrifissure antiaxiale du trochanter I.
ivg, lyrifissure des verrues génitales.
ivs, lyrifissure des verrues sternales.
$i\alpha$, lyrifissure antiaxiale des tarses chélicérien et palpien.
$i\pi$, lyrifissure paraxiale du tarse palpien.

Ji, commissure inférieure de la bouche.
Js, *Js'*, commissures supérieures de la bouche.

l', *l''*, poils latéraux des pattes.
L_{x-2}, sigilles latéraux de l'opisthosoma.
la, larve.
LA, labellum.
ld', *ld''*, *(ld)*, poils latérodorsaux des pattes.
LD_{0-10}, sigilles latérodorsaux de l'ophisthosoma.
ldm_{1-2}, poils infracapitulaires latérodorsaux.
LG, gouttière labiale.
$LI_{a-c,\ 5-7}$, sigilles ventrolatéraux de l'opisthosoma.
LL, lèvres latérales.

LL$_{1, 5-7}$, sigilles latéraux de l'opisthosoma.
lm$_{1-3}$, poils infracapitulaires médiolatéraux.
LM$_{1, 5-8}$, sigilles médiolatéraux de l'opisthosoma.
LS, labre.
LS$_{5-10}$, sigilles latéraux supérieurs de l'opisthosoma.
lv', *lv"*, *(lv)*, poils latéroventraux des pattes.
LV$_{4-9}$, sigilles latéroventraux de l'opisthosoma.
lvm, poil infracapitulaire médiolatéroventral.
lvp, poil infracapitulaire postérolatéroventral.

MA, malapophyse.

n1, protonymphe.
n2, deutonymphe.
n3, tritonymphe.

oa, ouverture anale.
OC, œil.
OE, œsophage.
og,ouverture génitale.
ogc, orifice de la glande chélicérienne.
ogi, orifice de la glande infracapitulaire.
ogl$_{1-2}$, orifices des glandes labiales.
ol', *ol"*, ongles.
op, oncophyse.
opv, oncophyse ventrale de la chélicère.
OVP, ovipositeur.
OW, organe de With.

p, proéminence latérodorsale du bord antérieur du tectum synaptique.
P', *P"*, protubérance latérodorsale à l'extrémité des basitarses II–IV.
pa$_1$, poil latéroventral du segment XVIII.
PA, palpe.
pd$_x$, poil dorsal impair du segment XVIII.
pd$_{1-2}$, poils latérodorsaux du segment XVIII.
PD, prodorsum.
pf, poil en feuille du tarse palpien.
Pg, papille génitale.
PH, pharynx.
pl$_{1-3}$, poils paralabiaux.
plv, prélarve.
PTA, prétarse.
PV, pulvillus.
pvg, poil composite des verrues génitales.
pvs, poil composite des verrues sternales.

PI–IV, pattes I–IV.

RE, petite concavité dans une échancrure du bord rostral, au débouché du fossé oculorostral.
RL, lobe rostral.
RU, rutellum.

S', S", petites salières latérodorsales à la base des télotarses II–IV.
SA, sternapophyse.
se, selle capitulaire.
sg, gouttière subcapitulaire.
sm, poil composite du tarse palpien.
s.t., taenidie sternale.
ST, sternum.
st.1–4, stigmate 1–4.
SY, tectum synaptique.

t, tendon.
t$_i$, tendon inférieur de l'apotèle.
t$_s$, tendon supérieur de l'apotèle.
TA, tarse.
te, crispin du trochanter.
tes, taenidie sternale.
tf$_i$, tendon inférieur du fémur.
tf$_s$, tendon supérieur du fémur.
TF, télofémur.
tg, tendon du génual.
TG, tégulum.
TI, tibia.
TL$_{1-3}$, lobes suprapédieux.
tov, tendons de l'ovipositeur.
tpgα, tendon antiaxial de la papille génitale.
tpgπ, tendon paraxial de la papille génitale.
tr, sillon transversal du prodorsum.
tr$_i$, tendon inférieur du trochanter 2.
tr$_s$, tendon supérieur du trochanter 2.
TR, trochanter.
TR.1, tochanter 1.
TR.2, trochanter 2.
tr. 1–4, trachées 1–4.
tta, tendon du tarse.
TTA, télotarse.
tti, tendon du tibia.
TTI, télotibia.
ttr, tendon du trochanter (ou du trochanter 1).

v', *v"*, poils ventraux des pattes.
V$_{2-10}$, sigilles ventraux de l'opisthosoma.

VA, apophyse ventrale de l'ovipositeur.
Vg, verrue génitale.
vm_{1-5}, poils infracapitulaires médioventraux.
vp_{1-3}, poils infracapitulaires postéroventraux.
Vs, verrue sternale.

I–XIX, segments du corps.

α (alpha), antiaxial.
θ (thêta), solénidion du fémur.
κ (kappa), coronidion.
π (pi), paraxial.
φ (phi), solénidion du tibia.
ω (oméga), solénidion du tarse.
ω_a, solénidion basidorsal de l'acrotarse II.
ω_d, solénidion dorsodistal du basitarse III.
ω_p solénidion basidorsal des basitarses I–IV.

* (astérisque), aléatoire, quoique très fréquent (après une notation ontogénétique); des absences ont été constatées (employé seul).
† (croix mortuaire), poil composite (dans une formule, ajouté à un chiffre).
′ (prime), face 'antérieure' d'un appendice; la droite de deux structures symétriques.
″ (seconde), face 'postérieure' d'un appendice.
♂, male.
♀, femelle.

ANNEXE 3. NOTATIONS DIFFÉRENTES DE LA LITTÉRATURE OPILIOACAROLOGIQUE

(a) With, 1903a[1]

a (pl. 4 fig. 1), tubercule anal.
a (pl. 4 figs. 3, 19), sternapophyse.
a (pl. 5 figs. 1, 3), trochanter.
a (pl. 6 figs. 1, 7), glandes chélicériennes.
a^1 (pl. 5 figs. 4, 5), trochanter 1.
a^2 (pl. 5 fig. 5), trochanter 2.
an (pl. 6 fig. 1), chélicère.

b (pl. 4 fig. 3), verrue génitale.
b (pl. 4 fig. 4), partie supérieure et proéminence latérodorsale du tectum synaptique.
b (pl. 6 figs. 2, 7), glandes infracapitulaires.
b^1 (pl. 5 figs. 1, 3, 4, 5), basifémur.
b^2 (pl. 5 fig. 1), télofémur.

c (pl. 4 fig. 10) tendon supérieur du mors mobile.
c (pl. 4 fig. 19), structure chitineuse protégeant la taenidie sternale près du coxa I.
c (pl. 5 fig. 1), génual.
c (pl. 5 figs. 8, 11, 13), verrue génitale.
co (pl. 6 figs. 1, 12, 13), colon.
ct (pl. 6 figs. 1, 6), muscles constricteurs du pharynx.

d (pl. 4 fig. 10), tendon inférieur du mors mobile.
d (pl. 5 figs. 3, 4, 5), tibia des pattes.
d (pl. 6 figs. 3, 7), glandes coxales.
d^1 (pl. 5 fig. 1), basitibia.
d^2 (pl. 5 fig. 1), télotibia.
di (pl. 6 figs. 1, 5, 6), muscles dilatateurs du pharynx.

e (pl. 5 fig. 1), basitarse.
e (pl. 6 figs. 2, 4, 17), tube excréteur.
en (pl. 6 figs. 7, 8), endosternite.

f (pl. 4 fig. 7), bord recourbé de l'organe de With.
f (pl. 4 fig. 9), fémur du palpe.
f (pl. 4 fig. 19), lyrifissure sternale.
f (pl. 5 fig. 1), télotarse.
f^1 (pl. 5 figs. 3, 4, 5), télotarse.
f^2 (pl. 5 fig. 3), acrotarse.

g (pl. 4 fig. 19), prolongement postérieur de la gouttière subcapitulaire.
g^1 (pl. 5 fig. 13), sillon transversal du prodorsum.
g^3 (pl. 5 fig. 13), sillon entre les segments VIII et IX.
gf (pl. 5 fig. 13), région prégénitale.
gh (pl. 5 fig. 13), région génitale.

i (pl. 4 fig. 8), lèvre latérale.

l (pl. 4 figs. 4, 5, 6, 8; pl. 6 fig. 1), labre.
l (pl. 5 fig. 6), poil latéral du prétarse.
l (pl. 6 figs. 5, 6), selle capitulaire.
la (pl. 5 fig. 13), lyrifissure.
la (pl. 6 fig. 1) sternapophyse.
lf (pl. 5 fig. 13), lyrifissure.

m (pl. 4 fig. 2), sigille.
m (pl. 4 figs. 3, 4, 5, 7), rutellum.
mc (pl. 5 figs. 11, 13), muscles de la verrue génitale.

o (pl. 5 fig. 11), oviducte.
o (pl. 6 figs. 2, 7, 8), œsophage.
ov (pl. 6 figs. 11, 12, 13)), œufs.

p (pl. 4 fig. 4), organe de With.
p (pl. 5 fig. 6), poil latéroventral de l'acrotarse IV.
p (pl. 6 figs. 5, 6), pharynx.

r (pl. 4 figs. 4, 5; pl. 6 fig. 1), tégulum + gaine chélicérienne.
re (pl. 6 fig. 3), rectum.

s (pl. 4 fig. 2; pl. 5 fig. 13), stigmates.

1. La plupart des notations de l'anatomie interne ont éte supprimées.

s (pl. 4 fig. 7), poil paralabial pl_1.
s (pl. 5 fig. 3), coronidions.
s (pl. 5 fig. 5), solénidions (du fémur IV); coronidions (du basitarse IV).
s (pl. 5 fig. 7), apophyse de l'ovipositeur.
s (pl. 6 figs. 8, 18, 19), verrue génitale (*c* dans la légende de la pl. 6 fig. 18).
sp (pl. 5 fig. 13), sigille.

t (pl. 4 fig. 4), trochanter du palpe.
t (pl. 4 fig. 9), tibia du palpe.
t (pl. 4 fig. 19), taenidie sternale.
t (pl. 5 fig. 21), poil dorsal, terminal, impair du télotarse I.
t (pl. 5 fig. 6), poil dorsal, terminal, impair de l'acrotarse IV.
tu (pl. 6 figs. 5, 6), gouttière subcapitulaire.

u (pl. 5 fig. 6), poil latérodorsal du prétarse IV.

1 (pl. 4 fig. 1), sillon transversal du prodorsum.
1 (pl. 4 figs. 4, 5), trochanter chélicérien.
1 (pl. 4 fig. 19), coxa I.
1, *2*, *3*, (pl. 4 fig. 7), bordures de l'organe de With.
2 (pl. 4 fig. 1), sillon entre les segments VIII et IX.
3 (pl. 4 fig. 5), mors mobile (apotèle chélicérien).

(b) Grandjean, 1936

a, insertion des tendons du labre.
bcxm, bord antérieur de la gaine chélicérienne invaginée.
bfr, bord frontal du stéthosoma.
ch, poil creux du champ paralatérodorsal du tarse palpien.
cox.1, coxa I.
cox.2, coxa II.
d, poil en feuille du tarse palpien.
dl1–2, ductus des glandes labiales.
e, solénidion à demi enfoncé de l'organe télotarsal.
elc1, poil latérocoxal du coxa I.
elc2, poil latérocoxal du coxa II.
g.ax, gouttière subcapitulaire.
o.mx, rutellum.
rw, tégulum.
s, solénidion du tarse palpien.
t, tendon inséré à l'extrémité postérieure du sclérite dorsal du labre.
T, tendon (du gros muscle aspirateur impair) inséré à l'extrémité antérodorsale du pharynx.
u, taenidie sternale.
1–14, poil infracapitulaires.
ε, petit poil spiniforme, caché au fond du fossé chélicérien.
φd, contour apparent (dans le plan de symétrie) de la surface dorsale concave du pharynx.
φi, bord inférieur du pharynx (dans le plan de symétrie).
φl, un des bords symétriques latérosupérieur du pharynx.

(c) André, 1947

I–IV, coxae I–IV.

(d) Naudo, 1963

a–m, poils du trochanter ou du trochanter 1 de la patte III.
A–P, poils du trochanter ou du trochanter 1 de la patte IV.

(e) van der Hammen, 1966, 1968a, 1969a

am, membrane arthrodiale.
ATII, apophyse dorsale du trochanter II.
ATIII, apophyse dorsale du trochanter 1 III.
B, bosse basiventrale, interne du basitarse.
bsa, bord de l'espace lisse de la région progénitale.
bsg, bord de l'espace ornementée de la région génitale.
cc′, *c″*, petites salières latérodorsales à la base des télotarses II–IV.
ch, poil creux du champ paralatérodorsal du tarse palpien.
CV, cavité coxale de l'infracapitulum.
dj, sillon disjugal.
dr, selle capitulaire.
ed, épine dorsale de l'ovipositeur.
fl, oncophyse ventrale de la chélicère.
gl, glance accessoire de la femelle.
k′, *k″*, protubérances latérodorsales à l'extrémité des basitarses II–IV; condyles des articulations trochanter/fémur et trochanter 1/trochanter 2.

mb_{1-4}, muscles ventrales.
OH, groupe de poils sensoriels du télotarse I.
org, fossé oculorostral.
ovp, ovipositeur.
pd, sillon abjugal.
pl, poil en feuille du tarse palpien.
psa, bord de la partie lisse du tibia palpien.
ri, carène latéroventrale de l'opisthosoma.
rs, carène latérodorsale de l'opisthosoma.
R, rostre.
rs_{1-2}, réceptacles séminaux.
s, solénidion du tarse palpien.
Sg, papille génitale.
sk, bande séparatrice de peau molle ventralement entre les segments XVIII et XIX.
t, point d'articulation basal du télotarse.
tac, partie ornementée du tubercule anal.
tas, partie lisse du tubercule anal.
tb, tendon du gnathosoma.
TE, tégulum.
tll, lobe ventrosagittal des lèvres latérales.
tsa, bord de la partie lisse du télotarse.
π'', solénidion paraxial du fémur IV.

ANNEXE 4. LA TERMINOLOGIE ANGLAISE (AVEC LES RÉFÉRENCES AUX TERMES FRANÇAIS)

Abbreviations – abréviations.
Abjugal – abjugal.
Abjugal furrow – sillon abjugal.
Acetabulum – acétabulum.
Acondylar – acondylien.
Acondylar articulation – articulation acondylienne.
Acrotarsus – acrotarse.
Actinopilin –actinopiline.
Adelonymy – adélonymie.
Adesmatic – adesmatique.
Adesmatic articulation – articulation adesmatique.
Adesmatic joint – article adesmatique.
Adult – adulte.
Alimentary canal – tube digestif.
Alimentation – alimentation.
Ambulacrum – ambulacre.
Anal opening – ouverture anale.
Anal tubercle – tubercule anal.
Anal valve – volet anal.
Anarthry – anarthrie
Anatomy – anatomie.
Anus – anus.
Apodeme – apodème.
Apophysis – apophyse.
Apotele – apotèle.
Appendages – appendices.
Articulation –articulation.
Aspidosoma – aspidosoma.
Asterisk – astérisque.
Atactotrichy – atactotrichie.
Autotomy – autotomie.

Basifemoral ring – anneau basifémoral.
Basifemur – basifémur.
Basitarsal scissure – scissure basitarsale.
Basitarsus – basitarse.
Basitibia – basitibia.
Behaviour – comportement.
Bibliography – bibliographie.
Bicondylar – bicondylien.
Bicondylar articulation – articulation bicondylienne.
Bidactyl – bidactyle.
Bidesmatic – bidesmatique.
Bidesmatic articulation – articulation bidesmatique.
Biographies of opilioacarologists – biographies des opilioacarologues.
Biology – biologie.
Birefringence – biréfringence.
Bivalent – bivalent.
Bivalent articulation – articulation bivalente.
Body – corps.
Body of chelicera – corps chélicérien.

Calyptostase – calyptostase.
Canal – tube.
Capitular apodeme – apodème capitulaire.
Capitular saddle – selle capitulaire.
Carnivore – carnassier.
Carnivorous – carnassier.
Catalogue of the species – catalogue des espèces.
Cavity – cavité.
Cerotegument – cérotégument.
Cervix – cervix.
Chaetotaxy – chaetotaxie.
Chamber – chambre.
Chela – pince chélicérienne.
Chelicera – chélicère.
Cheliceral frame – cadre chélicérien.
Cheliceral gland – glande chélicérienne.
Cheliceral groove – fossé chélicérien.
Cheliceral pincers – pince chélicérienne.
Cheliceral sheath – gaine chélicérienne.
Circumbuccal setae – poils circumbuccaux.
Circumcapitular – circumcapitulaire.
Circumcapitular furrow – sillon circumcapitulaire.
Classification – classification.
Classification of Opilioacarida – classification des Opilioacarides.
Claw – griffe.
Collecting – récolte.
Coloration – coloration.
Colour – couleur.
Commissure – commissure.
Compound seta – poil composite.
Coniculate – coniculé.
Convention – convention.
Corniculus – corniculus.

Coronidion – coronidion.
Cosmiotrichy – cosmiotrichie.
Coxa – coxa.
Coxal cavity of the infracapitulum – cavité coxale de l'infracapitulum.
Coxal gland – glande coxale.
Coxal region of chelicera – région coxale de la chélicère.
Coxal region of palp – région coxale du palpe.
Culturing – élévage.
Cupule – cupule.
Cuticle – cuticule.
Cycle – cycle.

Dagger – croix mortuaire.
Denudation – dénudation.
Depilation – dépilation.
Depressor muscle – muscle abaisseur.
Description – description.
Designation – désignation.
Deutonymph – deutonymphe.
Development – développement.
Diagnosis – diagnose.
Digestion – digestion.
Dimorphism – dimorphisme.
Disjugal – disjugal.
Disjugal furrow – sillon disjugal.
Distribution – distribution.
Dorsal apophysis of the trochanter – apophyse dorsale du trochanter.
Double prime – seconde.
Drawing – dessin.
Duration – durée.
Duration of life – durée de la vie.

Ecology – écologie.
Egg – œuf.
Elattostase – élattostase.
Elevator muscle – muscle élévateur.
Embryonic development – développement embryonnaire.
Endite – endite.
Endosternite – endosternite.
Epiprosoma – épiprosoma.
Escape – fuite.
Ethology – éthologie.
Eudesmatic – eudesmatique.
Eudesmatic articulation – articulation eudesmatique.
Eudesmatic joint – article eudesmatique.
Evolution – évolution.
Excretion – excrétion.
Exite – exite.
Eye – œil.
Eye groupe – groupe oculaire.
Eye-spot – tache oculaire.

Facies – facies.
Female – femelle.
Femur – fémur.
Fixed jaw – mors fixe.
Flexor muscle – muscle fléchisseur.
Food – nourriture.
Foramen – foramen.
Formula – formule.
Frame – cadre.
Furrow – sillon.

Gena – gena.
Genital opening – ouverture génitale.
Genital organs – organes génitaux.
Genital papilla – papille génitale.
Genital region – région génitale.
Genital setae – poils génitaux.
Genital slit – fente génitale.
Genital verruca – verrue génitale.
Genu – génual.
Geographic distribution – distribution géographique.
Gland – glande.
Gnathosoma – gnathosoma.
Greek letters – lettres grecques.
Groove – fossé.
Gullet – gosier.
Gutter – gouttière.

Habitat – habitat.
Hollow seta – poil creux.
Horse-shoe-glands – glandes 'en fer à cheval'.
Hypertrophied seta – poil hypertrophié.
Hypodermis – hypoderme.

Identification – détermination.
Idionymy – idionymie.
Idiosoma – idiosoma.
Idiotrichy – idiotrichie.
Illustration – illustration.
Immature – immature.
Inferior oral commissure – commissure inférieure de la bouche.

Infracapitular gland – glande infracapitulaire.
Infracapitular setae – poils infracapitulaires.
Infracapitulum – infracapitulum.
Ingestion – ingestion.
Insertion – insertion.
Integument – tégument.
Internal anatomy – anatomie interne.
Intersegmental furrow – sillon intersegmentaire.

Jaw – mors.
Joint – article.

Key – clef

Labellum – labellum.
Labial gland – glande labiale.
Labial gutter – gouttière labiale.
Labrum – labre.
Large lateral ridge of the infracapitulum – grande carène latérale de l'infracapitulum.
Larva – larve.
Lateral lips – lèvres latérales.
Laterocoxal setae – poils latérocoxaux.
Legs – pattes.
Life cycle – cycle vital.
Line – ligne.
Line of attachment of the cheliceral frame to the infracapitulum – ligne d'attache du cadre chélicérien à l'infracapitulum.
Linear cosmiotrichy – cosmiotrichie linéaire.
Lip – lèvre.
Lobe – lobe.
Locomotion – locomotion.
Lyrifissure – lyrifissure.

Malapophysis – malapophyse.
Malar cavity – cavité malaire.
Male – mâle.
Mastication – manducation.
Measurement – mensuration.
Mentum – menton.
Mesotibial scissure – scissure mésotibiale.
Metamere – métamère.
Micrograph – micrographie.
Microsculpture – microsculpture.
Monocondylar – monocondylien.
Monocondylar articulation – articulation monocondylienne.
Monodesmatic – monodesmatique.
Monodesmatic articulation – articulation monodesmatique.
Monovalent – monovalent.
Monovalent articulation – articulation monovalente.
Moult – mue.
Mouth – bouche.
Movable jaw – mors mobile.
Mucronate – mucroné.
Mucronate seta – poil mucroné.
Muscle – muscle.
Muscle insertion – insertion musculaire.
Musculature – musculature.

Neotrichy – néotrichie.
Notation – notation.
Numerical designation – désignation de numérotage.
Nymph – nymphe.

Observation – observation.
Oculorostral groove – fossé oculorostral.
Oesophagus – œsophage.
Oncophysis – oncophyse.
Ontogenetic designation – désignation ontogénétique.
Ontogeny – ontogénèse.
Opening – ouverture.
Opisthosoma – opisthosoma.
Opisthosomatic appendages – appendices opisthosomatiques.
Oral commissure – commissure de la bouche.
Ordinary seta – poil ordinaire.
Organ – organe.
Orientation of figured structures – orientation des structures représentées.
Orifice – orifice.
Orifice of infracapitular gland – orifice de la glande infracapitulaire.
Orifices of labial glands – orifices des glandes labiales.
Orthostasy – orthostasie.
Oviparous – ovipare.
Ovipositor – ovipositeur.

Palp – palpe.
Papilla – papille.
Papilliform seta – poil papilliforme.
Paralabial setae – poils paralabiaux.
Paraxial – paraxial.

Phanere – phanère.
Phanerotaxy – phanérotaxie.
Pharyngeal chamber – chambre pharyngienne.
Pharynx – pharynx.
Phase – phase.
Photograph – photographie.
Phylogeny – phylogénèse.
Pigment – pigment.
Pincers – pince.
Podosoma – podosoma.
Pollinivorous – pollinivore.
Postembryonic development – développement postembryonnaire.
Poststethidium – poststéthidium.
Precheliceral – préchélicérien.
Pregenital – prégénital.
Pregenital setae – poils prégénitaux.
Prelarva – prélarve.
Preoral cavity – cavité préorale.
Preparation – préparation.
Preservation – conservation.
Pretarsus – prétarse.
Primordiotrichy – primordiotrichie.
Prodorsum – prodorsum.
Prosoma – prosoma.
Prosomatic endites – endites prosomatiques.
Prostethidium – prostéthidium.
Protonymph – protonymphe.
Prototrichy – prototrichie.
Pulvillus – pulvillus.

Regeneration – régéneration.
Region – région.
Reproduction – reproduction.
Respiratory system – système respiratoire.
Retrotectum – crispin.
Ring – anneau.
Rostral lobe – lobe rostral.
Rostral region – région rostrale.
Running – course.
Rutellum – rutellum.

Saddle – selle.
Scissure – scissure.
Segment – segment.
Segmentation – segmentation.
Seta – poil.
Sexes – sexes.
Sexual dimorphism – dimorphisme sexuel.
Sham death – faire le mort.
Sheath – gaine.
Sigillum – sigille.
Sign – signe.
Slit – fente.
Solenidion – solénidion.
Spiniform seta – poil spiniforme.
Spot – tache.
Spur – calcar.
Stase – stase.
Sternal taenidium – taenidie sternale.
Sternal verruca – verrue sternale.
Sternapophyses – sternapophyses.
Sternum – sternum.
Stethidium – stéthidium.
Stethosoma – stéthosoma.
Stigma – stigmate.
Subcapitular – subcapitulaire.
Subcapitular gutter – gouttière subcapitulaire.
Subcheliceral epimeric furrow – sillon épimérique sous-chélicérien.
Superior oral commissure – commissure supérieure de la bouche.
Supracheliceral vault – voûte suprachélicérienne.
Suprapedal lobe – lobe suprapédieux.
Symbolic sign – signe symbolique.
Synaptic tectum – tectum synaptique.
Synthetic – synthétique.
System – système.

Taenidium – taenidie.
Tarsus – tarse.
Technique – technique.
Tectum – tectum.
Tegulum – tégulum.
Telofemur – télofémur.
Telotarsal organ – organe télotarsal.
Telotarsal scissure – scissure télotarsale.
Telotarsus – télotarse.
Telotibia – télotibia.
Tendon – tendon.
Tibia – tibia.
Trachea – trachée.
Transverse articulation – articulation transversale.
Transverse prodorsal furrow – sillon transversal du prodorsum.
Tritonymph – trotonymphe.
Tritonymph – tritonymphe.
Trochanter 1 – trochanter 1.

Trochanter 2 – trochanter 2.
Tubercle – tubercule.
Type-locality – localité-type.

Unguis – ongle.
Unpaired – impair.
Unpaired seta – poil impair.

Valve – volet.
Vault – voûte.
Ventral oncophysis of chelicera – oncophyse ventrale de la chélicère.
Verruca – verrue.
Verticil – verticille.
Vertition – vertition.
Vestige – vestige.

Walk – marche.
With's organ – organe de With.

ANNEXE 5. LA TERMINOLOGIE ALLEMANDE (AVEC LES RÉFÉRENCES AUX TERMES FRANÇAIS)

abjugal – abjugal
abjugale Furche – sillon abjugal.
Abkürzungen – abréviations.
Acetabulum – acétabulum.
acondyl – acondylien.
acondyle Articulation – articulation acondylienne.
Acrotarsus – acrotarse.
Actinopilin – actinopiline.
Adelonymie – adélonymie.
adesmatisch – adesmatique.
adesmatische Artikulation – articulation adesmatique.
adesmatisches Glied – article adesmatique.
Adultus – adulte.
Ambulacrum – ambulacre.
Analklappe – volet anal.
Analöffnung – ouverture anale.
Analtuberkel – tubercule anal.
Anarthrie – anarthrie.
Anatomie – anatomie.
Anus – anus.
Apodem – apodème.
Apophyse – apophyse.
Apotel – apotèle.
Artenkatalog – catalogue des espèces.
Artikulation – articulation.
Aspidosoma – aspidosoma.
Atactotrichie – atactotrichie.
Aufzucht – élevage.
Auge – œil.
Augenfleck – tache oculaire.
Augengruppe – groupe oculaire.
Autotomie – autotomie.

basifemoraler Ring – anneau basifémoral.
Basifemur – basifémur.
basitarsale Szissur – scissure basitarsale.
Basitarsus – basitarse.
Basitibia – basitibia.
Beine – pattes.
Beobachtung – observation.
Beschreibung – description.
Beschriftung – notation.
Bestimmung – détermination.
Bestimmungsschlüssel – clef (de détermination).
Bezeichnung – désignation.
Bezeichnung durch Nummern – désignation de numérotage.
Bibliographie – bibliographie.
bicondyl – bicondylien.
bicondyle Artikulation – articulation bicondylienne.
bidactyl – bidactyle.
bidesmatisch – bidesmatique.
bidesmatische Artikulation – articulation bidesmatique.
Biographien von Opilioacarologen – biographies des opilioacarologues,
Biologie – biologie.
bivalent – bivalent.
bivalente Artikulation – articulation bivalente.
Borste – poil.

Calcar – calcar.
Calyptostase – calyptostase.
capitulärer Sattel – selle capitulaire.
capituläres Apodem – apodème capitulaire.
carnivor – carnassier.
Carnivore – carnassier.
Cerotegument – cérotégument.
Cervix – cervix.
Chaetotaxie – chaetotaxie.
cheliceraler Graben – fossé chélicérien.
cheliceraler Rahmen – cadre chélicérien.
Chelicere – chélicère.
Chelicerendrüse – glande chélicérienne.
Chelicerenscheide – gaine chélicérienne.
Chelicerenschere – pince chélicérienne.
circumbuccale Borsten – poils circumbuccaux.
circumcapitulär – circumcapitulaire.
circumcapituläre Furche – sillon circumcapitulaire.
coniculiert – coniculé.
Corniculus – corniculus.
Coronidion – coronidion.
Corpus – corps.
Corpus der Chelicere – corps chélicérien.
Cosmiotrichie – cosmiotrichie.
Coxa – coxa.
Coxaldrüse – glande coxale.

coxale Höhlung des Infracapitulums – cavité coxale de l'infracapitulum.
coxale Region der Chelicere – région coxale de la chélicère.
coxale Region des Palpus – région coxale du palpe.
Cupula – cupule.

Dauer – durée.
Denudation – dénudation.
Depilation – dépilation.
Depressor – muscle abaisseur.
Deutonymphe – deutonymphe.
Diagnose – diagnose.
Dimorphismus – dimorphisme.
disjugal – disjugal.
disjugale Furche – sillon disjugal.
Doppelbrechung – biréfringence.
dorsale Apophyse desTrochanters – apophyse dorsale du trochanter.
Drüse – glande.

Ei – œuf.
einfache Borste – poil ordinaire.
Elattostase – élattostase.
Embryonalentwicklung – développement embryonnaire.
Endit – endite.
Endosternit – endosternite.
Entwicklung – développement.
Epiprosoma – épiprosoma.
Ethologie – éthologie.
eudesmatisch – eudesmatique.
eudesmatische Artikulation – articulation eudesmatique.
eudesmatisches Glied – article eudesmatique.
Evolution – évolution.
Exit – exite.
Exkretion – excrétion.
Extremitäten – appendices.

Färbung – coloration.
Farbe – couleur.
Femur – fémur.
Fleck – tache.
Flexor – muscle fléchisseur.
Flucht – fuite.
Foramen – foramen.
Formel – formule.
Furche – sillon.

Gang – marche.
Gena – gena.
genitale Borsten – poils génitaux.
Genitalöffnung – ouverture génitale.
Genitalpapille – papille génitale.
Genitalregion – région génitale.
Genitalspalte – fente génitale.
Genitalwarze – verrue génitale.
Genu – génual.
geographische Verbreitung – distribution géographique.
Geschlechter – sexes.
Geschlechtsorgane – organes génitaux.
Gewölbe – voûte.
Glied – article.
Gnathosoma – gnathosoma.
Graben – fossé.
griechische Buchstaben – lettres grecques.
grosser lateraler Kiel des Infracapitulum – grande carène latérale de l'infracapitulum.

Habitat – habitat.
Habitus – facies.
Häutung – mue.
Höhle – cavité.
Höhlung – cavité.
Hohlborste – poil creux.
hufeisenförmige Drüsen – glandes 'en fer à cheval'.
hypertrophierte Borste – poil hypertrophié.
Hypodermis – hypoderme.

Idionymie – idionymie.
Idiosoma – idiosoma.
Idiotrichie – idiotrichie.
Illustration – illustration.
infracapituläre Borsten – poils infracapitulaires.
infracapituläre Drüse – glande infracapitulaire.
Infracapitulum – infracapitulum.
innere Anatomie – anatomie interne.
Insertion – insertion.
intersegmentale Furche – sillon intersegmentaire.

Kanal – tube.
Klappe – volet.
Klassifikation – classification.
Klassifikation der Opilioacariden – classification des Opilioacarides.

Klaue – griffe.
Kommissur – commissure.
Kommissur des Mundes – commissure de la bouche.
Konservierung – conservation.
Konvention – convention.
Kralle – ongle.
Kutikula – cuticule.

Labellum – labellum.
Labialdrüse – glande labiale.
Labialrinne – gouttière labiale.
Labrum – labre.
Larve – larve.
Laterallippen – lèvres latérales.
laterocoxale Borsten – poils latérocoxaux.
Lauf – course.
Lebensdauer – durée de la vie.
Lebenszyklus – cycle vital.
Levator – muscle élévateur.
lineare Cosmiotrichie – cosmiotrichie linéaire.
Linie – ligne.
Linie der Anheftung des cheliceralen Rahmens an das Infracapitulum – ligne d'attache du cadre chélicérien à l'infracapitulum.
Lippe – lèvre.
Lobus – lobe.
Locus typicus – localité-type.
Lokomotion – locomotion.
Lyrifissur – lyrifissure.

Männchen – mâle.
Malapophyse – malapophyse.
Mastikation – manducation.
Mentum – menton.
mesotibiale Szissur – scissure mésotibiale.
Messung – mensuration.
Metamer – métamère.
Mikrographie – micrographie.
Mikroskulptur – microsculpture.
monocondyl – monocondylien.
monocondyle Artikulation – articulation monocondylienne.
monodesmatisch – monodesmatique.
monodesmatische Artikulation – articulation monodesmatique.
monovalent – monovalent.
monovalente Artikulation – articulation monovalente.
Morsus – mors.
Morsus fixus – mors fixe.
Morsus mobilis – mors mobile.
mucronat – mucroné.
mucronate Borste – poil mucroné.
Mund – bouche.
Mundvorraum – cavité préorale.
Muskel – muscle.
Muskelinsertion – insertion musculaire.
Muskulatur – musculature.

Nahrung – alimentation, nourriture.
Nahrungsaufnahme – ingestion.
Neotrichie – néotrichie.
Nymphe – nymphe.

obere Kommissur des Mundes – commissure supérieure de la bouche.
oculorostraler Graben – fossé oculorostral.
Öffnung – orifice, ouverture.
Öffnung der infracapitulären Drüse – orifice de la glande infracapitulaire.
Öffnungen der Labialdrüsen – orifices des glandes labiales.
Ökologie – écologie.
Ösophagus – œsophage.
Oncophyse – oncophyse.
ontogenetische Bezeichung – désignation ontogénétique.
Ontogenie – ontogénie.
Opisthosoma – opisthosoma.
opisthosomatische Extremitäten – appendices opisthosomatiques.
Organ – organe.
Orientierung abgebildeter Strukturen – orientation des structures représentées.
Orthostasie – orthostasie.
ovipar – ovipare.
Ovipositor – ovipositeur.

Palpus – palpe.
Papille – papille.
papilliforme Borste – poil papilliforme.
paralabiale Borsten – poils paralabiaux.
paraxial – paraxial.
Phaner – phanère.
Phanerotaxie – phanérotaxie.
Pharyngealraum – chambre pharyngienne.
Pharynx – pharynx.
Phase – phase.

Photographie – photographie.
Phylogenie – phylogénèse.
Pigment – pigment.
Podosoma – podosoma.
pollinivor – pollinivore.
postembryonale Entwicklung – développement postembryonnaire.
Poststethidium – poststéthidium.
prächeliceral – préchélicerien.
prägenital – prégénital.
prägenitale Borsten – poils prégénitaux.
Prälarve – prélarve.
Präparation – préparation.
Prätarsus – prétarse.
Primordiotrichie – primordiotrichie.
prodorsale Querfurche – sillon transversal du prodorsum.
Prodorsum – prodorsum.
Prosoma – prosoma.
prosomatische Endite–endites prosomatiques.
Prostethidium – prostéthidium.
Protonymphe – protonymphe.
Prototrichie – prototrichie.
Pulvillus – pulvillus.

Rahmen – cadre.
Raum – chambre.
Regeneration – régénération.
Region – région.
Reproduction – reproduction.
respiratorisches System – système respiratoire.
Retrotectum – crispin.
Ring – anneau.
Rinne – gouttière.
Rostrallobus – lobe rostral.
Rostralregion – région rostrale.
Rutellum – rutellum.

Sammeln – récolte.
Sattel – selle.
Scheide – gaine.
Schere – pince.
Schlund – gosier.
Segment – segment.
Segmentation – segmentation.
Sehne – tendon.
Sexualdimorphismus – dimorphisme sexuel.
sich totstellen – faire le mort.
Sigillum – sigille.
Solenidion – solénidion.
Spalte – fente.
spiniforme Borste – poil spiniforme.
Stase – stase.
sternale Taenidie – taenidie sternale.
Sternalwarze – verrue sternale.
Sternapophyse – sternapophyse.
Sternchen – astérisque.
Sternum – sternum.
Stethidium – stéthidium.
Stethosoma – stéthosoma.
Stigma – stigmate.
subcapitulär – subcapitulaire.
subcapituläre Rinne – gouttière subcapitulaire.
subchelicerale epimerische Furche – sillon épimérique sous-chélicérien.
suprachelicerales Gewölbe – voûte suprachélicérienne.
suprapedaler Lobus – lobe suprapédieux.
symbolisches Zeichen – signe symbolique.
synaptisches Tectum – tectum synaptique.
synthetisch – synthétique.
System – système.
Szissur – scissure.

Taenidie – taenidie.
Tarsus – tarse.
Technik – technique.
Tectum – tectum.
Tegulum – tégulum.
Tegument – tégument.
Telofemur – télofémur.
telotarsale Szissur – scissure télotarsale.
telotarsales Organ – organe télotarsal.
Telotarsus – télotarse.
Telotibia – télotibia.
Tibia – tibia.
Trachee – trachée.
transversale Artikulation – articulation transversale.
Tritonymphe – tritonymphe.
Trochanter – trochanter.
Trochanter 1 – trochanter 1.
Trochanter 2 – trochanter 2.
Tuberkel – tubercule.

unpaar – impair.
unpaare Borste – poil impair.
unreif – immature.
untere Kommissur des Mundes – commissure inférieure de la bouche.

ventrale Oncophyse der Chelicere – oncophyse ventrale de la chélicère.
Verbreitung – distribution.
Verdauung – digestion.
Verdauungskanal – tube digestif.
Verhalten – comportement.
Verticillus – verticille.
Vertition – vertition.
Vestigium – vestige.

Wangenhöhle – cavité malaire.
Warze – verrue.
Weibchen – femelle.
With'sches Organ – organe de With.

Zeichen – signe.
zeichnerische Darstellung – dessin.
zusammengesetzte Borste – poil composite.
Zyklus – cycle.

ANNEXE 6. BIBLIOGRAPHIE[1]

André, M., 1947. Une nouvelle espèce d'Opilioacarus (Acarien: Notostigmata). – Bull. Mus. nat. Hist. natur (2), 19: 322–326, figs. 1–9.

—, 1949. Ordre des Acariens (Acari, Nitzsch, 1818). – in: P.-P. Grassé, Traité de Zoologie, 6: 794–892, figs. 598–665, 2 pls.

—, 1954. Notice sur les travaux scientifiques 1923–1954 de M. Marc André. – Abbeville: 90 pp., 15 figs.

*Anonymus, 1967. Liste chronologique des travaux scientifiques de Marc André (1900–1966). – Acarologia, 9: 651–668.

Baker, E. W., J. H. Camin, F. Cunliffe, T. A. Woolley & C. E. Yunker, 1958. Guide to the families of mites. – Contr. Inst. Acar., 3: X + 1–242, figs.

Baker, E. W. & G. W. Wharton, 1952. An introduction to acarology. – New York: xiv + 1–465, front., figs. 1–377, pls. 1–2.

*Balachowsky, A. S., 1965. Hommage à Filippo Silvestri. – Boll. Lab. Ent. agr. Portici, 23: 139–142.

Brignoli, M., 1967. Su Opilioacarus italicus (With) (Acarina, Notostigmata). – Fragm. ent., 5: 111–121, figs. 1–15.

Camin, J. H., G. M. Clark & F. Gorirossi Bourdeau, 1958. The palpal 'tined seta' in the Mesostigmata, a homologue of the palpal claw in the Onychopalpida (Acarina). – Proc. Tenth int. Congr. Ent., 1: 903–908, figs. 1–14.

*Carpenter, G. D. H., 1950. Filippo Silvestri. – Proc. Linn. Soc. London, 162: 110–113.

Chamberlin, R. V. & S. Mulaik, 1942. On a new family in the Notostigmata. – Proc. biol. Soc. Wash., 55: 125–132 pls. 1–2.

Coineau, Y.,1973. À propos de quelques caractères particulièrement primitifs de la prélarve et de la larve d'un Opilioacaridae du Gabon (Acariens). – C.R. Acad. Sci. Paris, 276D: 1181–1184, figs. 1–2.

Coineau, Y. & L. van der Hammen, 1976. The postembryonic development of Opilioacarida, with notes on new taxa and on a general model for the evolution. – Proc. 4th int. Congr. Acar. Saalfelden (sous presse).

— & —, 1977. Un genre nouveau d'Opilioacarides (Acariens) et le development postembryonnaire d'une espèce nouvelle du Gabon. – (En préparation).

Coineau, Y. & R. Legendre, 1975. Sur un mode de régénération appendiculaire inédit chez les Arthropodes: la régénération des pattes marcheuses chez les Opilioacariens (Acari: Notostigmata). – C.R. Acad. Sci. Paris (sér. D), 280: 41–43, pl. 1.

— & —, 1976. Études anatomiques et morphologiques sur Salfacarus legendrei (Opilioacarides). – (En préparation).

Couzijn, H. W. C., 1974. Les pattes des Acariens en comparaison avec celles des Scorpions. Une contribution à l'anatomie comparée des Arachnides. – Acarologia, 15: 381–383.

Evans, G. O., J. G. Sheals & D. Macfarlane, 1961. The terrestrial Acari of the British Isles. An introduction to their morphology, biology and classification, 1. Introduction and biology. – London: viii + 1–219, front, figs. 1–216.

Grandjean, F., 1935. Observations sur les Acariens (2e série). – Bull. Mus. nat. Hist. natur. (2), 7: 201–208, figs. 1–3. [=Œuvres, 1 (28)].

—, 1936. Un Acarien synthétique: Opilioacarus segmentatus With. – Bull. Soc. Hist. nat. Afr. Nord, 27: 413–444, figs. 1–5 [=Œuvres, 1 (37)].

[1] Dans les articles précédés d'un astérisque (*), il n'est pas question d'Opilioacarides; ils sont cités dans le texte pour d'autres raisons.

*—, 1937. Notice sur les titres et travaux scientifiques de M. François Grandjean. – Paris: 67 pp., 24 figs.
*—, 1938. Sur l'ontogénie des Acariens. – C.R. Séanc. Ac. Sci., 206: 146–150. [=Œuvres, 2 (43)].
*—, 1938a. Observations sur les Acariens (4e série). – Bull. Mus. nat. Hist. natur (2), 10: 64–71, figs. 1–3 [=Œuvres, 2 (46)].
—, 1938b. Observations sur les Acaridiae (2e série). – Bull. Soc. zool. France, 63: 278–288, figs. A–F. [=Œuvres, 2 (53)].
—, 1944. Les 'taenidies' des Acariens. – C.R. Séanc. Soc. Phys. Hist. natur. Genève, 61: 142–146 [=Œuvres, 2 (92)].
*—, 1946. La signification évolutive de quelques caractères des Acariens (lre série). – Bull. biol. France Belg., 79: 297–325, figs. 1–3. [=Œuvres, 3 (99)].
—, 1947. L'origine de la pince mandibulaire chez les Acariens actinochitineux. – Arch. Sci. phys. natur. Genève (5), 29: 305–355, figs. 1–4. [=Œuvres, 3 (113)].
*—, 1949. Au sujet des variations individuelles et des polygones de fréquence. – C.R. Séanc. Ac. Sci., 229: 801–804. [=Œuvres, 4 (123)].
*—, 1954. Étude sur les Palaeacaroïdes (Acariens, Oribates). – Mém. Mus. nat. Hist. natur. (n.s.), ser. A., Zool., 7 (3): 179–274, figs. 1–25. [=Œuvres, 4 (156)].
*—, 1954a. Les deux sortes de temps et l'évolution. – Bull. biol. France Belg., 88: 413–434, figs. 1–19. [=Œuvres, 5 (160)].
—, 1957. L'infracapitulum et la manducation chez les Oribates et d'autres Acariens. – Ann. Sci. nat. Zool. (11), 19: 233–281, figs. 1–7. [= Œuvres, 5 (182)].
*—, 1957a. L'évolution selon l'âge. – Arch. Sci., Genève, 10: 477–526, figs. 1–3. [= Œuvres, 5 (184)].
*—, 1965. Complément à mon travail de 1953 sur la classification des Oribates. – Acarologia, 7: 713–734, figs. 1–4. [=Œuvres, 7 (225)].
*—, 1966. Marc André (1900–1966). – Acarologia, 8: 397–400, 1 phot. [=Œuvres, 7 (228)].
*—, 1968. Nouvelles observations sur les Oribates (6e série). – Acarologia, 10: 357–391, figs. 1–11. [=Œuvres, 7 (233)].
—, 1970. Stases. Actinopiline. Rappel de ma classification des Acariens en 3 groupes majeurs. Terminologie en soma. – Acarologia, 11: 796–827, 1 fig. [=Œuvres, 7 (236)].
*Guinier, A., 1975. Notice nécrologique sur François Grandjean, membre de la section de minéralogie et géologie. – C.R. Acad. Sci. Paris, 281, suppl. sér. A–D (Vie académique): 64–67.
Hammen, L. van der, 1961. Description of Holothyrus grandjeani nov. spec., and notes on the classification of the mites. – Nova Guinea, Zool., 9: 173–194, figs. 1–9, pl. 6.
—, 1964. The morphology of Glyptholaspis confusa (Foà, 1900) (Acarida, Gamasina). – Zool. Verh., 71: 1–56, figs. 1–21.
—, 1966. Studies on Opilioacarida (Arachnida) I. Description of Opilioacarus texanus (Chamberlin & Mulaik) and revised classification of the genera. – Zool. Verh., 86: 1–80, figs. 1–21.
—, 1968. Stray notes on Acarida (Arachnida) I. – Zool. Meded., 42: 261–280, figs. 1–3.
—, 1968a. Studies on Opilioacarida (Arachnida) II. Redescription of Paracarus hexophthalmus (Redikorzev). – Zool. Meded., 43: 1–19, figs. 1–4.
—, 1968b. Introduction générale à la classification, la terminologie morphologique, l'ontogénèse et l'évolution des Acariens. – Acarologia, 10: 401–412.
—, 1969. Notes on the morphology of Alycus roseus C. L. Koch. – Zool. Meded., 43: 177–202, figs. 1–7.
—, 1969a. Studies on Opilioacarida (Arachnida) III. Opilioacarus platensis Silvestri, and Adenacarus arabicus (With). – Zool. Meded., 44: 113–131, figs. 1–5.
—, 1970. La segmentation primitive des Acariens. – Acarologia, 12: 3–10, fig. 1. tab. 1.
—, 1970a. La segmentation des appendices chez les Acariens. – Acarologia, 12: 11–15, fig. 1, tab. 1–2.

—, 1970b. Remarques générales sur la structure fondamentale du gnathosoma. – Acarologia, 12: 16–22, fig. 1.
—, 1971. La phylogénèse des Opilioacarides, et leurs affinités avec les autres Acariens. – Acarologia, 12: 465–473, figs. 1–5.
—, 1972. Mijten – Acarida. Algemene inleiding in de acarologie. – Wet. Meded. K.N.N.V., 91: 1–72, figs. 1–37.
—, 1972a. A revised classification of the mites (Arachnidea, Acarida) with diagnoses, a key, and notes on phylogeny. – Zool. Meded., 47: 273–292, fig. 1.
—, 1972b. François Grandjean, naturalist and acarologist. – in: F. Grandjean, Œuvres acarologiques complètes, 1: v–x, front.
—, 1973. Classification and phylogeny of mites. – Proc. 3rd. int. Congr. Acar. Prague 1971: 275–282, fig. 1.
*—, 1973a. Mongaillard, centre of acarological activities, and type-locality of many species of mites. – in: F. Grandjean, Œuvres acarologiques complètes, 2: v–viii, front.
—, 1974. L'évolution du cycle vital chez les Acariens et les autres groupes d'Arachnides. – Acarologia, 15: 384–390.
*—, 1974a. Un glossaire de la terminologie acarologique. – La Banque des Mots, 8: 205–218.
*—, 1975. L'évolution des Acariens et les modèles de l'évolution des Arachnides. – Acarologia, 16: 377–381, figs. 1–2.
*—, 1976. Evolution in mites, and the patterns of evolution in Arachnidea. – Proc. 4th int. Congr. Acar. Saalfelden (sous presse).
—, 1976a. Studies in Opilioacarida (Arachnida) IV. The genera Panchaetes Naudo and Salfacarus nov. gen. – Zool. Verh. (sous presse).
*Henriksen, K. L., 1937. Overzicht over Dansk entomologis historie. – Ent. Medd. 15: 496–499. fig. 150.
Hughes, T. E., 1959. Mites or the Acari. – London: i–viii, 1–225, pls. 1–52.
Johnston, D. E., 1968. An atlas of Acari I. The families of Parasitiformes and Opilioacariformes. – Publ. Acar. Lab., 172: x + 1–110.
Juvura-Bals, I. & M. Baltac, 1975. Deux nouvelles espèces d'Opilioacarus (Acarina Opilioacarida) de Cuba. – Rés. Exp. biospéol. Cub. – Rom. Cuba, 2 (sous presse).
Kaestner, A., 1956. Lehrbuch der speziellen Zoologie, Teil I: Wirbellose, 3. Lieferung: 485–658, figs. 492–629. – Jena.
*Kanervo, V., 1950. Filippo Silvestri†. – Ann. ent. Fenn. Helsinki, 16: 25–26, 1 phot.
Krantz, G. W., 1971. A manual of acarology. – Corvallis, Oregon: xii + 1–335, figs. 1–36, pls. 1–44 (troisième édition).
*Masi, L. 1950. – Filippo Silvestri. – Mem. Soc. ent. Ital., 29: 125–135, 1 phot.
Naudo, M. H., 1963. Acariens Notostigmata de l'Angola. – Publ. cult. Co. Diam. Ang., Lisboa, 63: 13–24, figs. 1–22.
*Olenev, N. O. & V. V. Popov, 1945. [À la mémoire du Professeur V.V. Redikorzev (1.IX. 1873 – 28.I.1942)]. – Priroda (Moscou), 1945: 90–91, 1 phot. [en russe)].
*Orfila, R. N., 1950. Doctor Filippo Silvestri (1873–1949). – Rev. Soc. ent. Argent, 14: 321–326.
Redikorzev, V., 1937. Eine neue Opilioacarus-Art. – Zool. Anz., 118: 10–12, figs. 1–4.
*Russo, G., 1950. Filippo Silvestri. Nota necrologica, curriculum vitae, elenco della publicazioni.- Boll. Lab. Ent. agr. Portici, 9: i–xlix, 1 phot.
—, 1951. Filippo Silvestri: maestro. – Boll. Lab. Ent. agr. Portici, 10: 1–7, 1 phot.
*—, 1959 (ed.). †Filippo Silvestri (1873–1949). Ricordi e itinerari scientifici. – Napoli: 784 pp., front., figs. 1–92, 1 carte.
Silvestri, F., 1905. Note arachnologiche I–III. – Redia, 2: 239–261, pls. 21–24.
Snodgrass, R. E., 1948. The feeding organs of Arachnida, including mites and ticks. – Smithson. misc. Coll., 110 (10): 1–93, figs. 1–29.

*Stephensen, K., 1924. In memoriam Carl With. – Medd. Dansk naturh. Foren., 76: v–xi, 1 phot.
Travé, J. & M. Vachon, 1975. François Grandjean, 1882–1975. (Notice biographique et bibliographique). – Acarologia, 17: 1–19, 2 figs.
*Vachon, M., 1953. Commentaires à propos de la distinction des stades et des phases du développement post-embryonnaire chez les Araignées. – Bull. Mus. nat. Hist. natur. (2), 25: 294–297.
*—, 1967. Marc André 1900–1966. – Bull. Mus. nat. Hist. natur. (2), 38: 763–766, 1 phot.
Vitzthum, H. Graf, 1931. Ordnung der Arachnida: Acari = Milben. – in: W. Kükenthal, Handbuch der Zoologie, 3 (2), 1: (3) 1–(3)160, figs. 1–161.
—, 1940–1943. Acarina. – Bronn's Klassen und Ordnungen des Tierreichs, 5 (4), 5:1–1011, figs. 1–522. [Les données sur les Opilioacarides se trouvent dans les fascicules suivantes: fasc. 1 (1940): 1–160, figs. 1–149; fasc. 2 (1940a): 161–320, figs. 150–319; fasc. 3 (1940b): 321–480, figs. 320–428, fasc. 4 (1941): 481–640, figs. 429–448; fasc. 5 (1942): 641–800, figs. 449–486].
—, 1941a. 9 und letzte Ordnung der Arachnida: Acari = Milben. – in: W. Kükenthal, Handbuch der Zoologie, 3 (2), 2: (3) 215–(3)220, fig. 102.
Wharton, G. W., 1947. in: A. S. Pearse. Zoological names. A list of phyla, classes, and orders. 2nd ed. Prepared for section F American Association for the Advancement of Science.
With, C., 1903. A new Acarid. Opilioacarus segmentatus. – C.R. Congr. Natur. Méd. Nord. Helsingfors, Sekt. 6: 4.
—, 1903a. The Notostigmata, a new suborder of Acari. – Vidensk. Medd. naturhist. Foren., Kjøbenhavn, 1903: 137–192, pls. 4–6.
Woodring, J. P., 1973. Comparative morphology, functions, and homologies of the coxal glands in Oribatid mites (Arachnida: Acari). – Journ. Morph., 139: 407–429, figs. 1–38, graph. 1, tab. 1.

ANNEXE 7. TABLEAUX, FIGURES, PLANCHES

Tabl. 1.

La segmentation des Opilioacarides

Tagmates	Segments	Appendices, etc.
prosoma	acron et métamères préchélicériens	yeux labre bouche
	I	chélicères
	II	palpes
	III	pattes I, sternapophyses
	IV	pattes II, verrues sternales
	V	pattes III
	VI	pattes IV
opisthosoma	VII	
	VIII	ouverture génitale verrues et papilles génitales
	IX	stigmate 1
	X	stigmate 2
	XI	stigmate 3
	XII	stigmate 4
	XIII	
	XIV	
	XV	
	XVI	
	XVII	
	XVIII	
	XIX	ouverture anale

Tabl. 2.

Les articles eudesmatiques des appendices chez les Opilioacarides

chélicère	palpe	patte I	patte II	patte III	patte IV
		coxa	coxa	coxa	coxa
trochanter	trochanter	trochanter	trochanter	trochanter 1	trochanter 1
				trochanter 2	trochanter 2
	fémur	fémur	fémur	fémur	fémur
corps chélicérien	génual	génual	génual	génual	génual
	tibia	tibia	tibia	tibia	tibia
	tarse	tarse	tarse	tarse	tarse
apotèle	apotèle	apotèle	apotèle	apotèle	apotèle

Tabl. 3.

Les articulations adesmatiques des pattes des Opilioacarides

articulations associées à des lyrifissures	lyrifissures à position latérale	deux lyrifissures, suture absente	basifémur/ télofémur II-IV
		lyrifissures nombreuses, suture complète	basifémur/ télofémur I
	lyrifissures à position ventrale	une grande lyrifissure	basitibia/ télotibia I
		deux lyrifissures (cupules)	basitarse/ télotarse I
articulations sans lyrifissures	monovalente	point d' articulation ventral	télotarse/ acrotarse II-IV
	bivalente	points d' articulation externes	basitarse/ télotarse II-IV
		points d' articulation internes	acrotarse/ prétarse II-IV

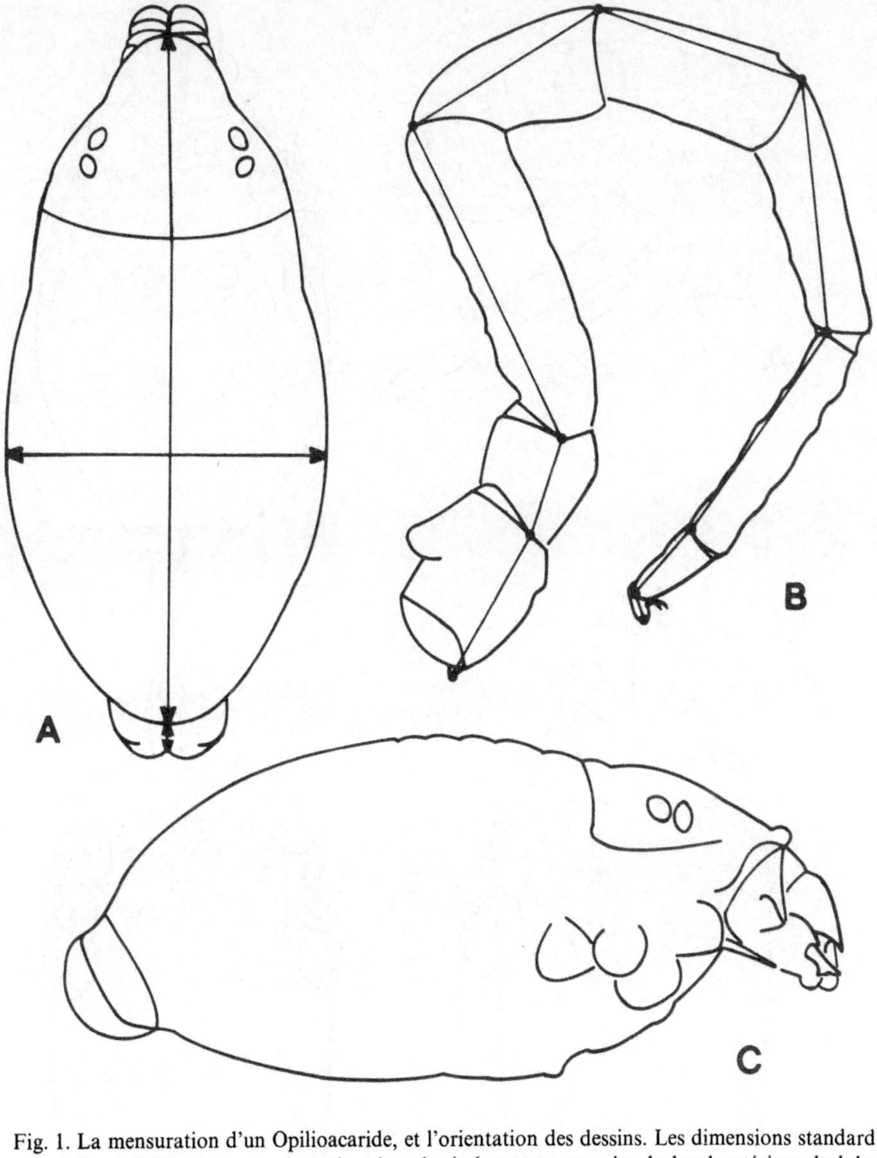

Fig. 1. La mensuration d'un Opilioacaride, et l'orientation des dessins. Les dimensions standard sont celles de l'idiosoma en orientation dorsale; la longueur est prise du bord antérieur du lobe rostral jusqu'au bord postérieur du segment XVIII (la longueur du tubercule anal en position étendue est mentionnée à part); la largeur est prise à l'endroit le plus large (fig. 1A). La longueur des appendices est obtenue en totalisant les longueurs des articles, prises d'un point d'articulation à un autre; en général on commence par le trochanter, et on continue jusqu'à l'apotèle inclusivement (mais sans les ongles) (fig. 1B). Les orientations recommandées des figures sont les suivantes: les figures des faces dorsale et ventrale sont orientées verticalement sur la page; dans une figure d'une vue latérale (orientée horizontalement), la partie rostrale est à droite; on dessine la face seconde des appendices droites (c'est-à-dire la face antiaxiale de la chélicère, du palpe, et des pattes I et II, et la face paraxiale des pattes III et IV) (fig. 1A–C).

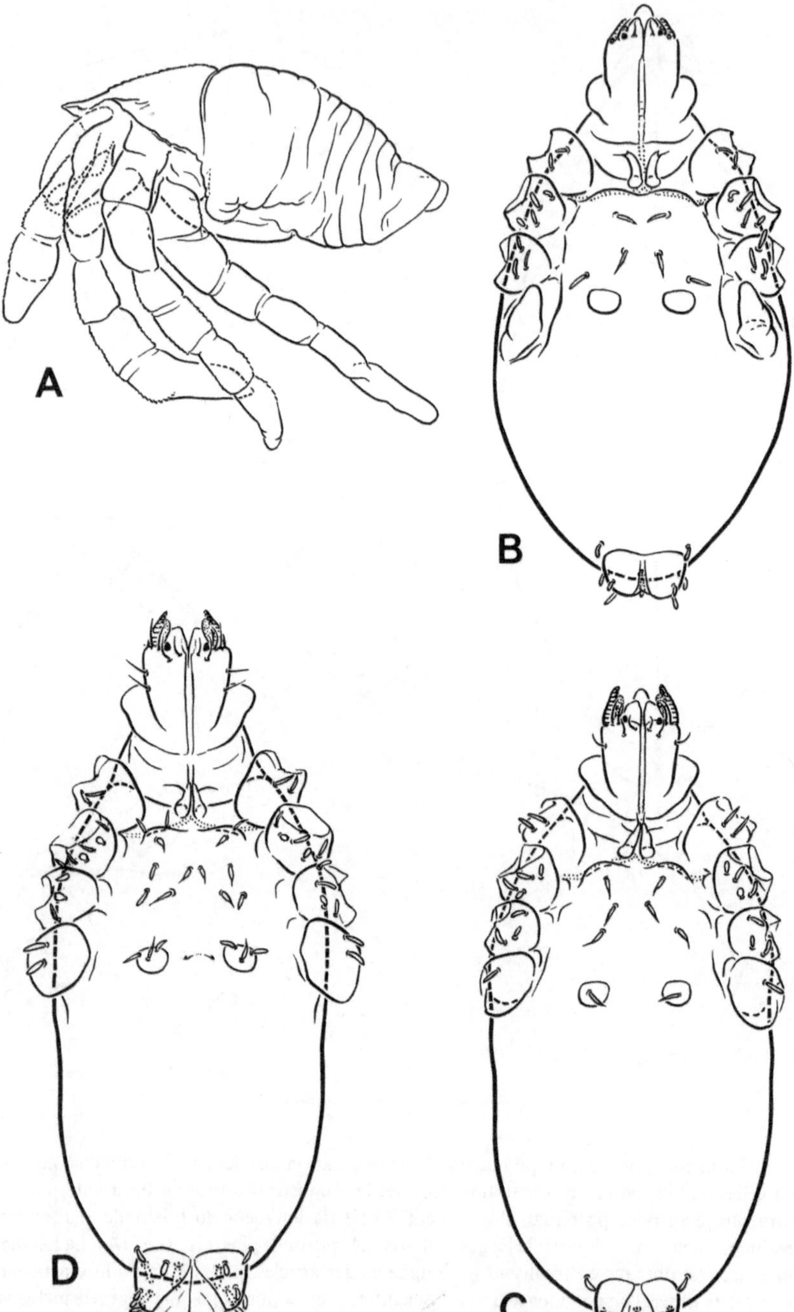

Fig. 2. Les stases du développement de *Phalangiacarus brosseti* Coineau & van der Hammen nov. gen., nov. spec. (1): A, prélarve; B, larve; C, protonymphe; D, deutonymphe; A–D, × 95 (d'après Coineau & van der Hammen, 1976; dessin de Coineau).

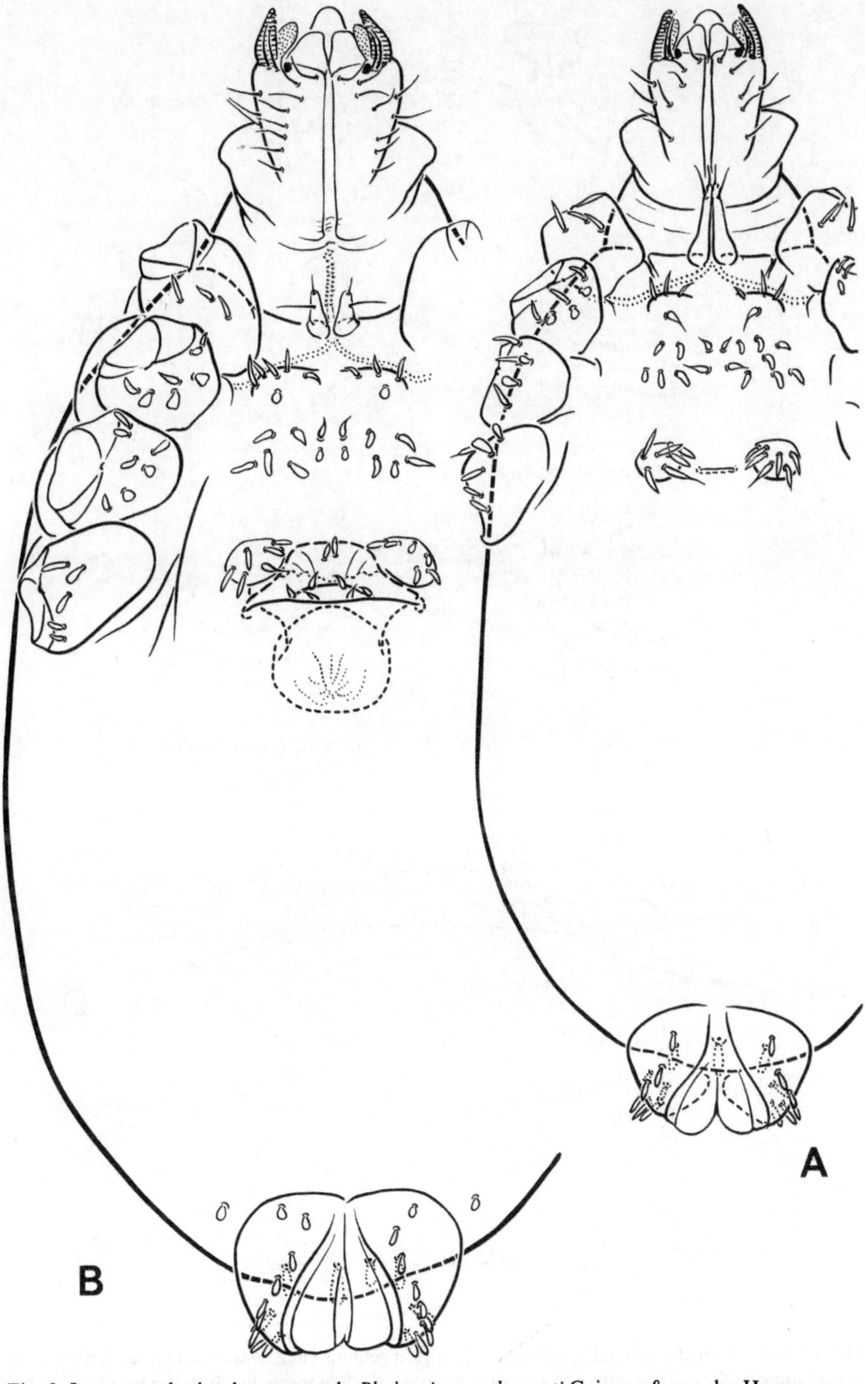

Fig. 3. Les stases du developpement de *Phalangiacarus brosseti* Coineau & van der Hammen nov. gen., nov. spec. (2): A, tritonymphe femelle; B, femelle adulte; A–B, × 95 (d'après Coineau & van der Hammen, 1976; dessin de Coineau).

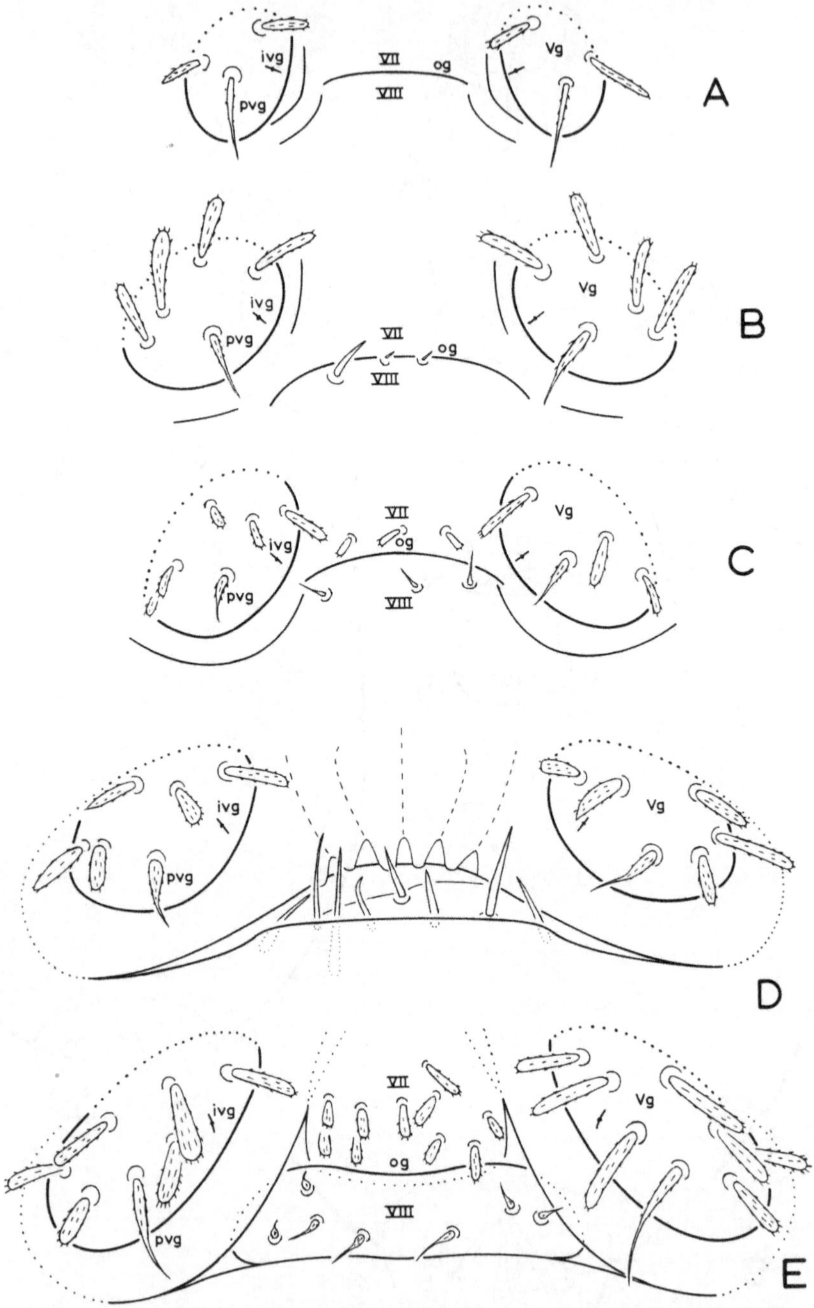

Fig. 4. Développement postembryonnaire de la région génitale chez les stases et les sexes d'*Opilioacarus platensis* Silvestri, à partir de la deutonymphe; A, deutonymphe; B, tritonymphe femelle; C. tritonymphe mâle; D, femelle adulte (région génitale plissée, probablement à cause de l'oviposition); E, mâle adulte; A–E, × 355 (d'après van der Hammen, 1969a).

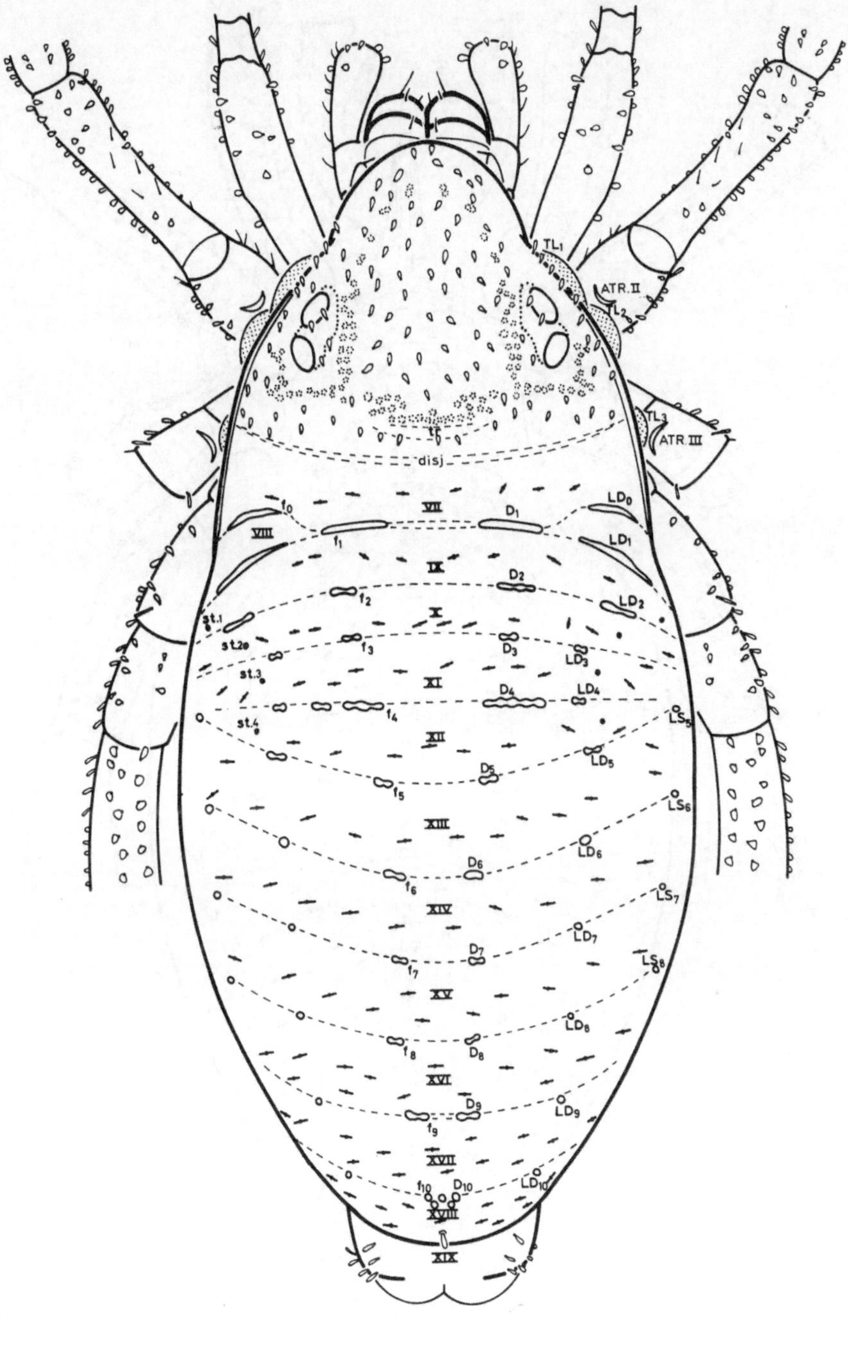

Fig. 5. *Opilioacarus texanus* (Chamberlin & Mulaik); face dorsale de la femelle, × 95 (d'après van der Hammen, 1966).

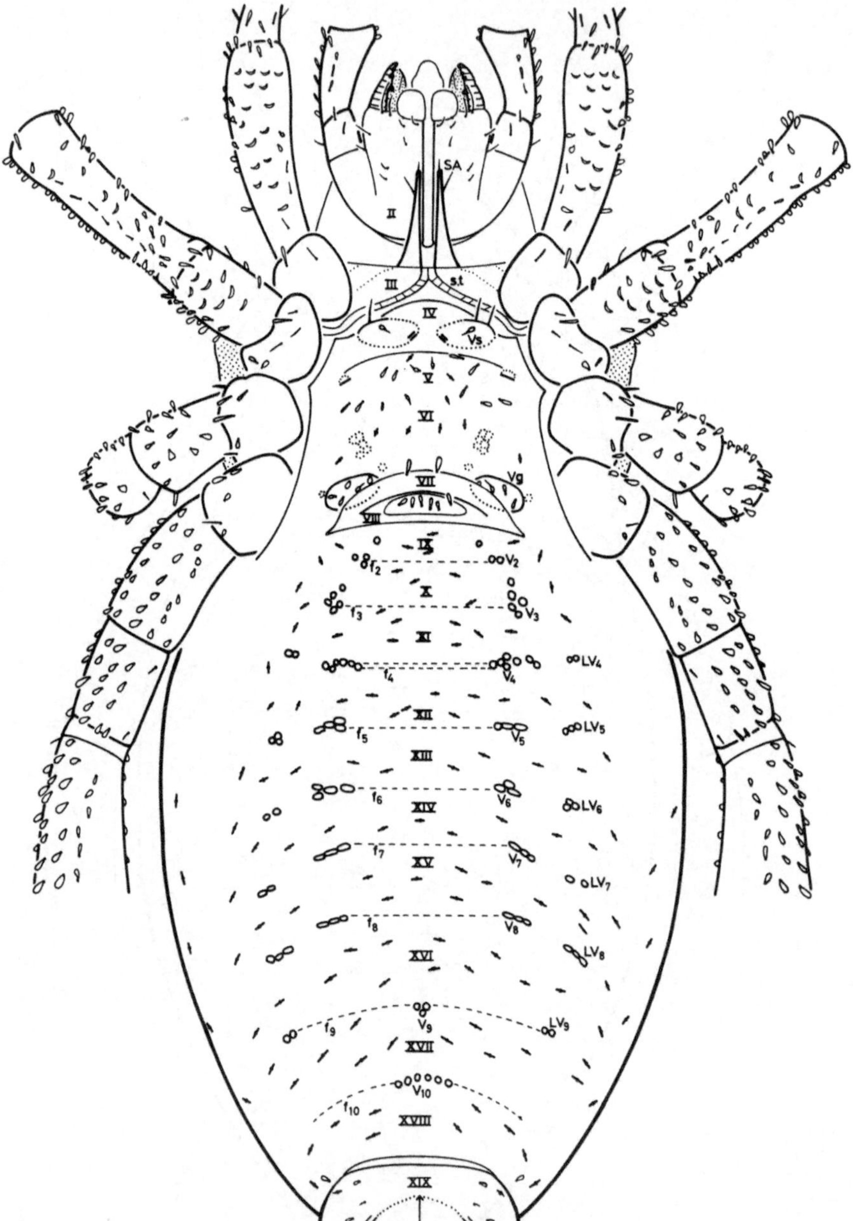

Fig. 6. *Opilioacarus texanus* (Chamberlin & Mulaik); face ventrale de la femelle, $\times 95$ (d'après van der Hammen, 1966).

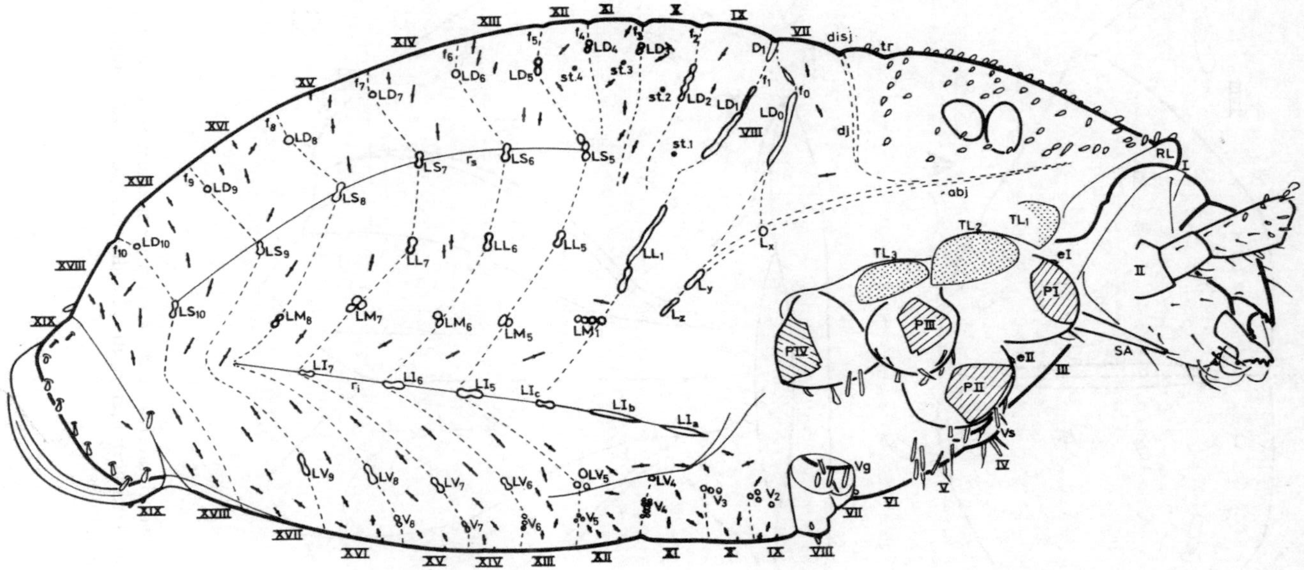

Fig. 7. *Opilioacarus texanus* (Chamberlin & Mulaik); face latérale de la femelle, ×95 (d'après van der Hammen, 1966).

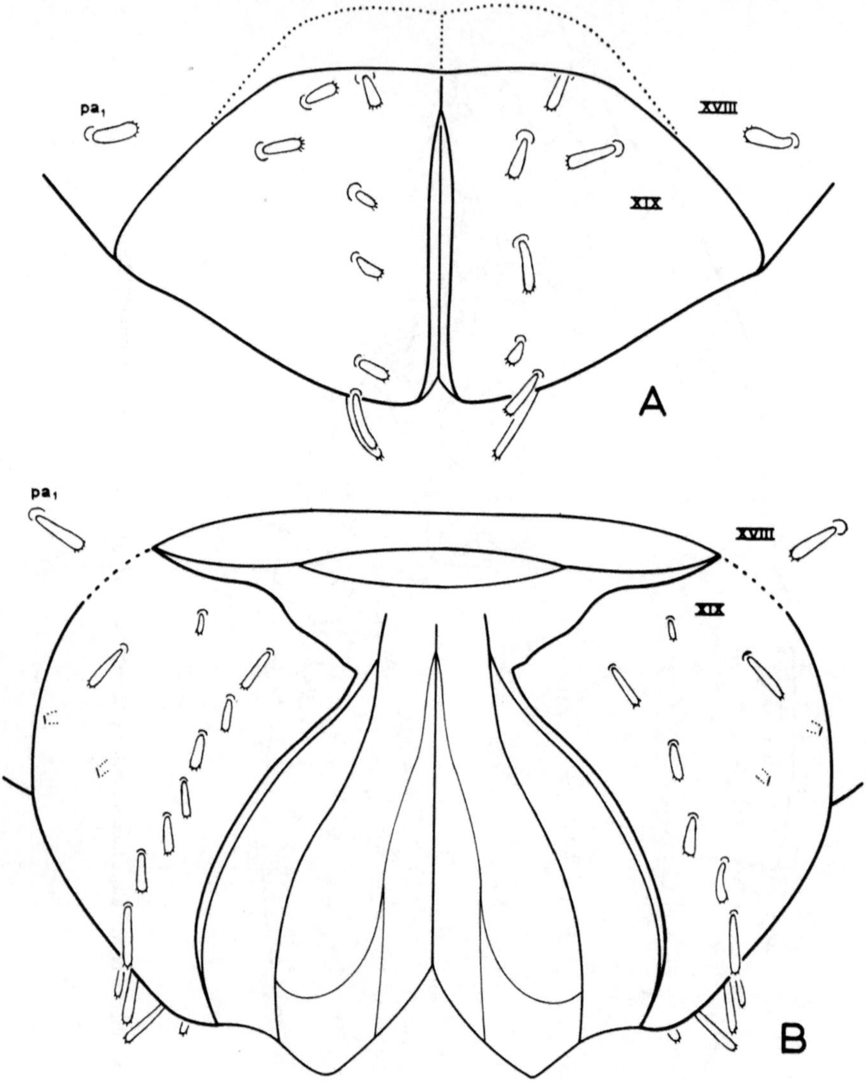

Fig. 8. *Opilioacarus platensis* Silvestri, tubercule anal de la femelle en orientation ventrale; A, en position rétractée (ouverture anale fermée); B, en position étendue (ouverture anale ouverte); A, B, × 355 (d'après van der Hammen, 1969a).

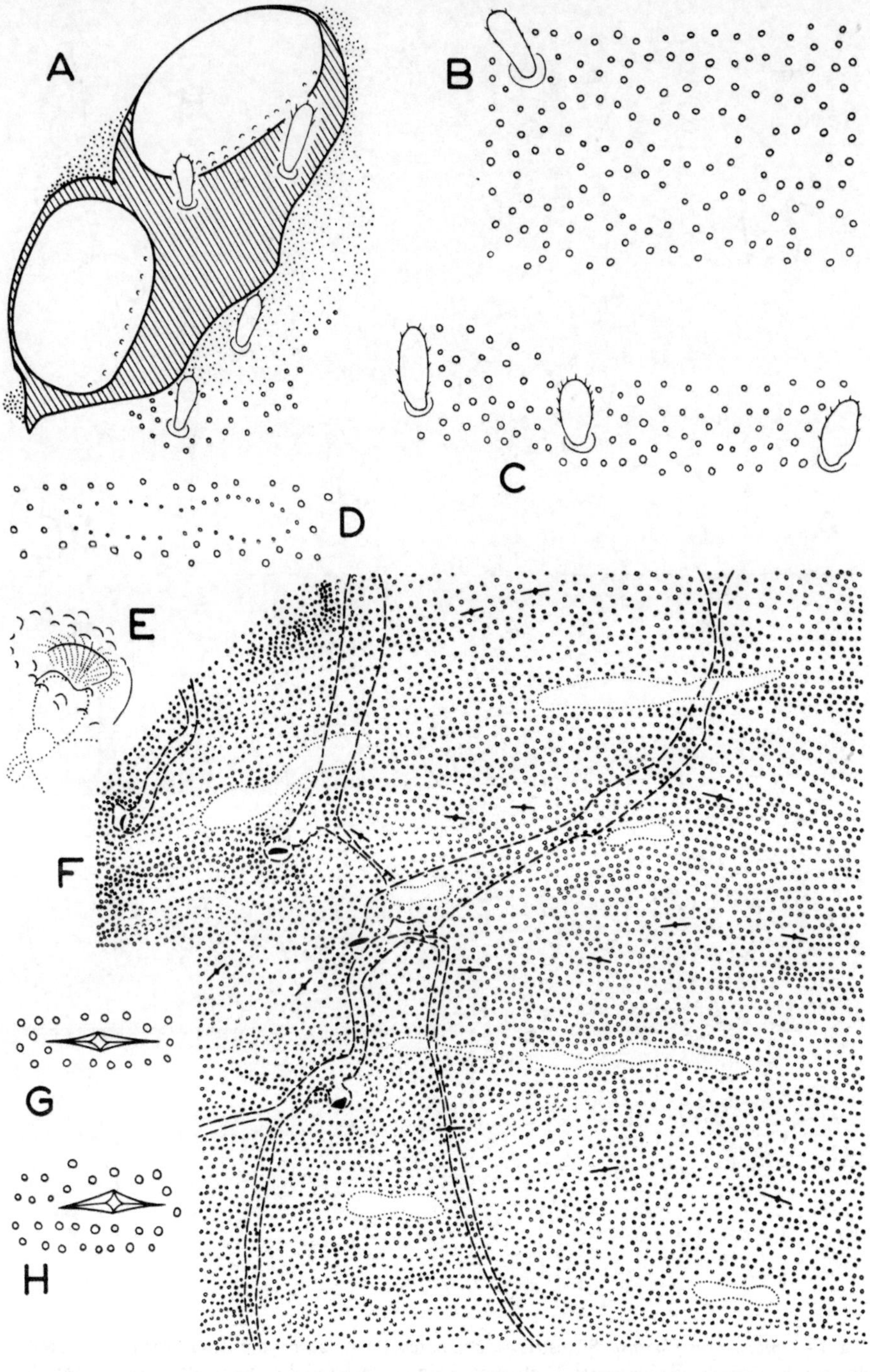

Fig. 9. *Opilioacarus texanus* (Chamberlin & Mulaik), femelle; A, paire de yeux du côte gauche; B, sigilles de la région postérieure du prodorsum; C, poils papilliformes de la région postérieure du prodorsum; D, sigilles entre les segments X et XI; E, vue latérale du stigmate 2; F, vue dorsale (légèrement oblique) de la région des stigmates du côté gauche; G, H, lyrifissures dorsales du segment XI; A, ×550; B, C, D, G, H, ×720; E, ×565; F, ×295 (d'après van der Hammen, 1966).

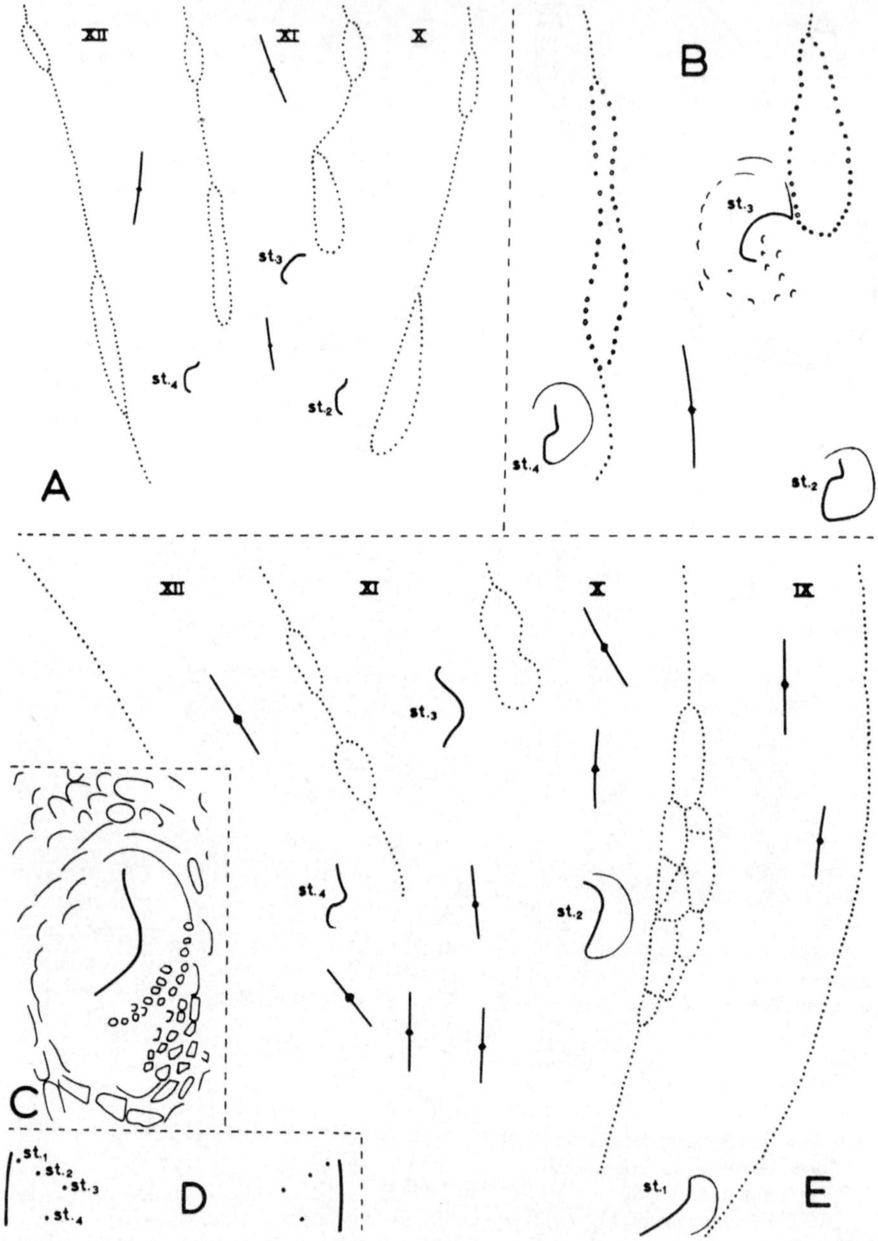

Fig. 10. *Opilioacarus platensis* Silvestri; A, stigmates d'une deutonymphe, en orientation latéro-dorsale; B, idem, détail plus grossi; C, stigmate 3 d'une femelle adulte, en orientation latérodorsale; D, disposition des stigmates d'une femelle adulte (vue dorsale schématisée); E, stigmates d'une femelle adulte, en orientation latérodorsale; A, E, ×370; B, C, ×710; D, ×55 (d'après van der Hammen, 1969a).

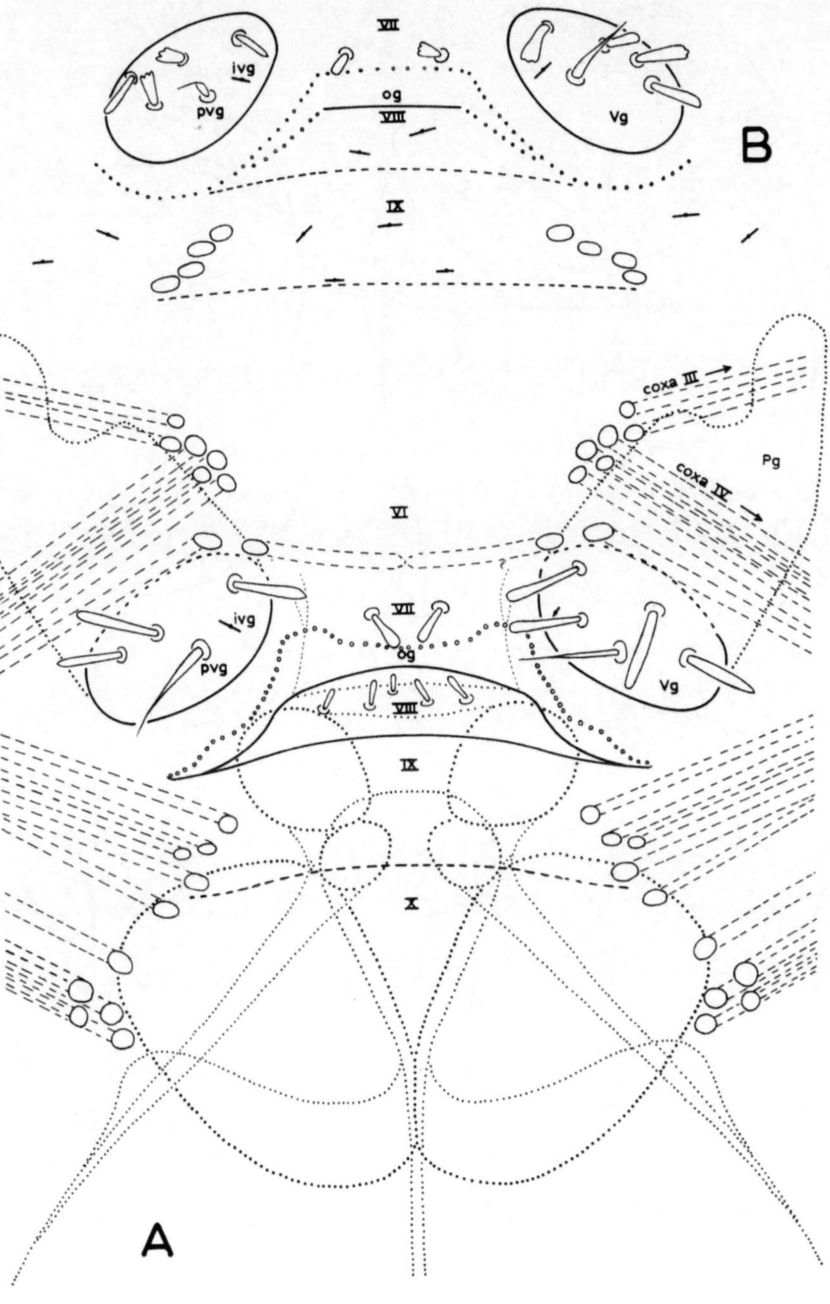

Fig. 11. *Opilioacarus texanus* (Chamberlin & Mulaik); A, région génitale d'une femelle adulte; B, région génitale d'une tritonymphe femelle; A, B, × 350 (d'après van der Hammen, 1966).

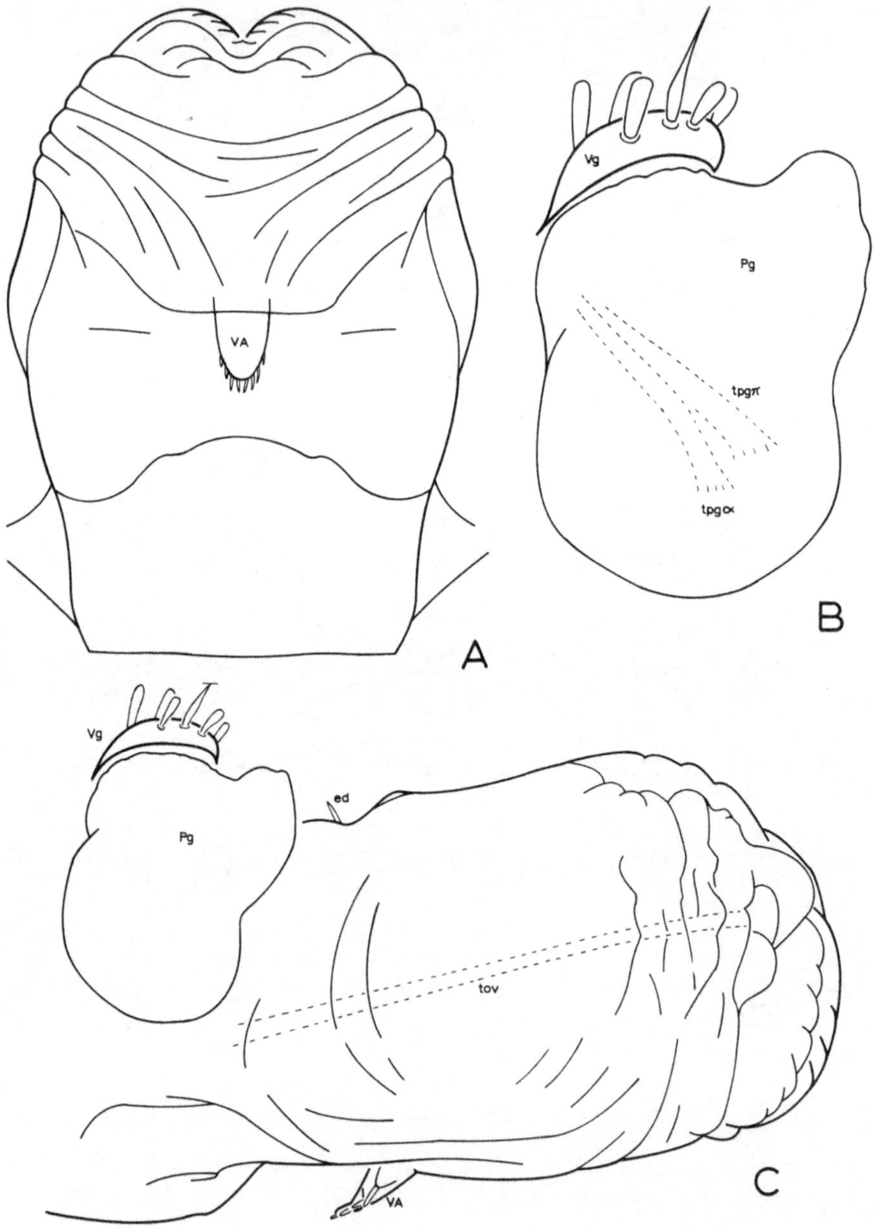

Fig. 12. *Paracarus hexophthalmus* (Redikorzev), femelle; A, ovipositeur sorti, en orientation ventrale; B, papille génitale évaginée et verrue génitale, du côté droite, vue latéralement; C, ovipositeur sorti et papille génitale évaginée, en orientation latérale; A, ×140; B, ×295; C, ×185 (d'après van der Hammen, 1968a).

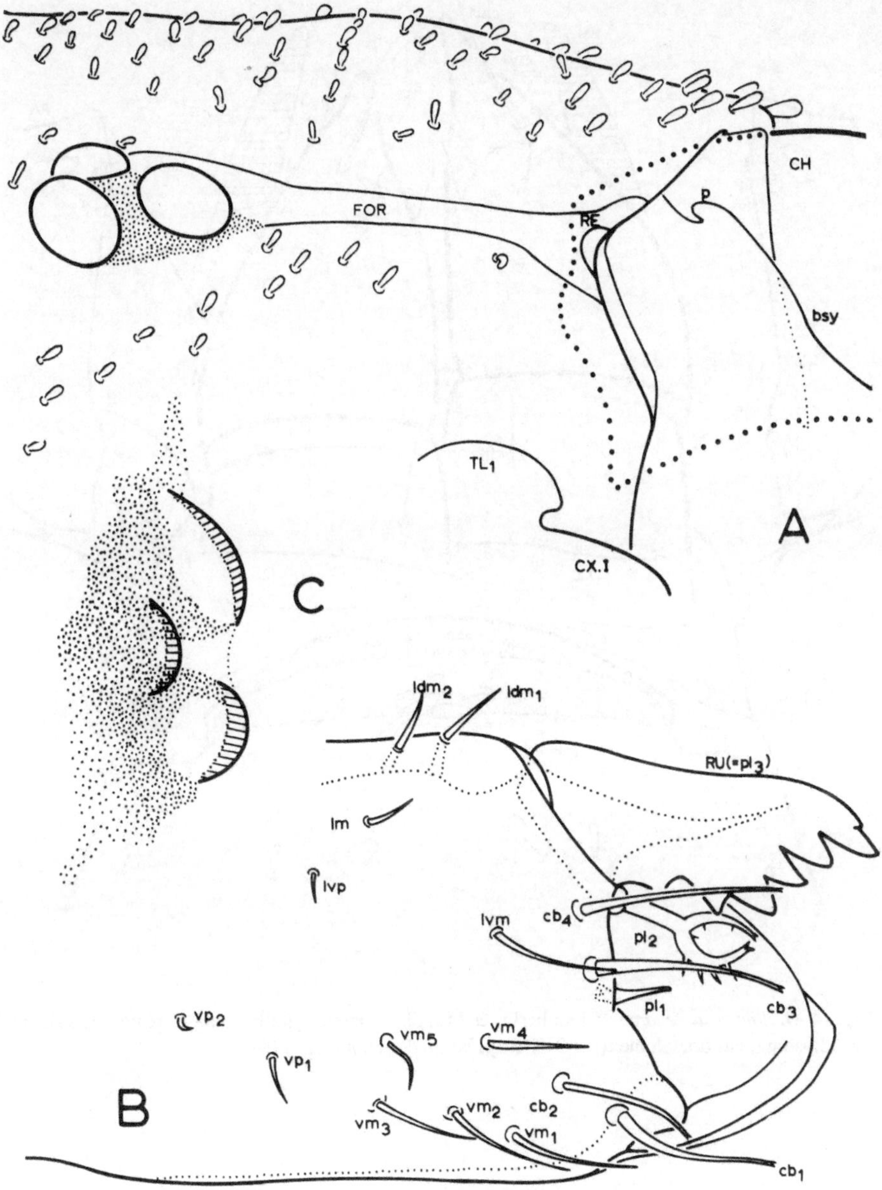

Fig. 13. *Paracarus hexophthalmus* (Redikorzev), femelle; A, région antérieure de l'aspidosoma, et partie basale du gnathosoma, vues latéralement; B, infracapitulum (labre omis), en orientation latérale; C, groupe oculaire droit, vu obliquement du dessus; A, ×230; B, C, ×365 (d'après van der Hammen, 1968a).

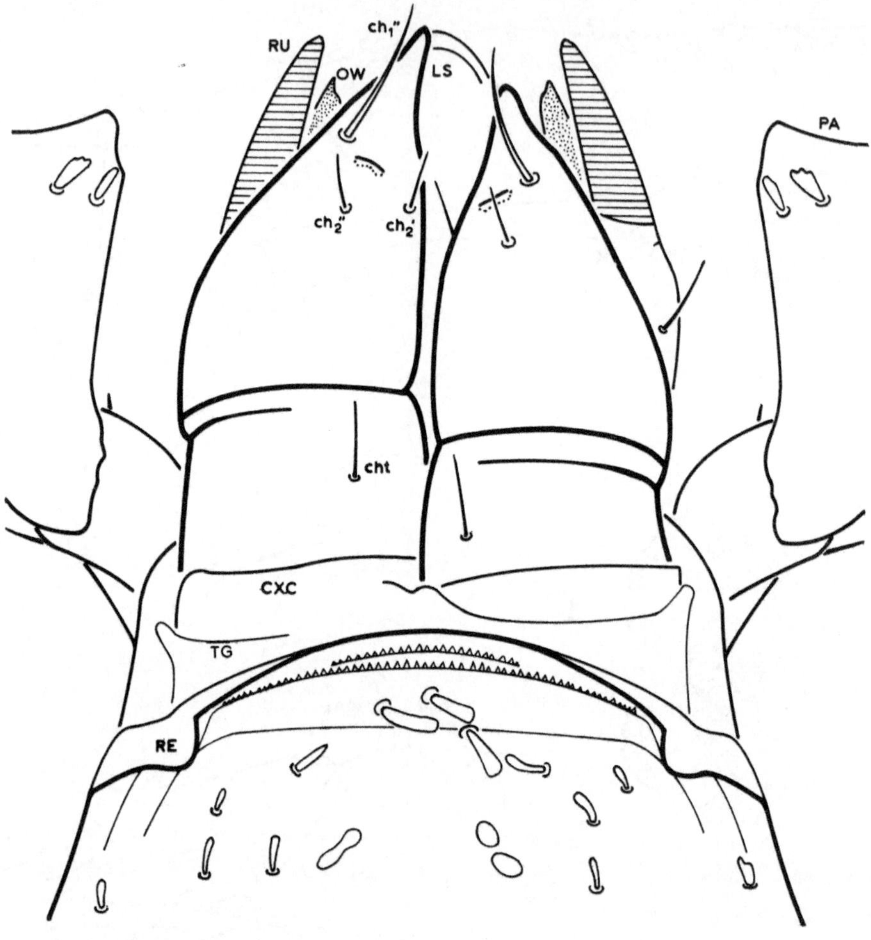

Fig. 14. *Opilioacarus texanus* (Chamberlin & Mulaik), femelle; gnathosoma et région antérieure de l'idiosoma, vus dorsalement; ×370 (d'après van der Hammen, 1966).

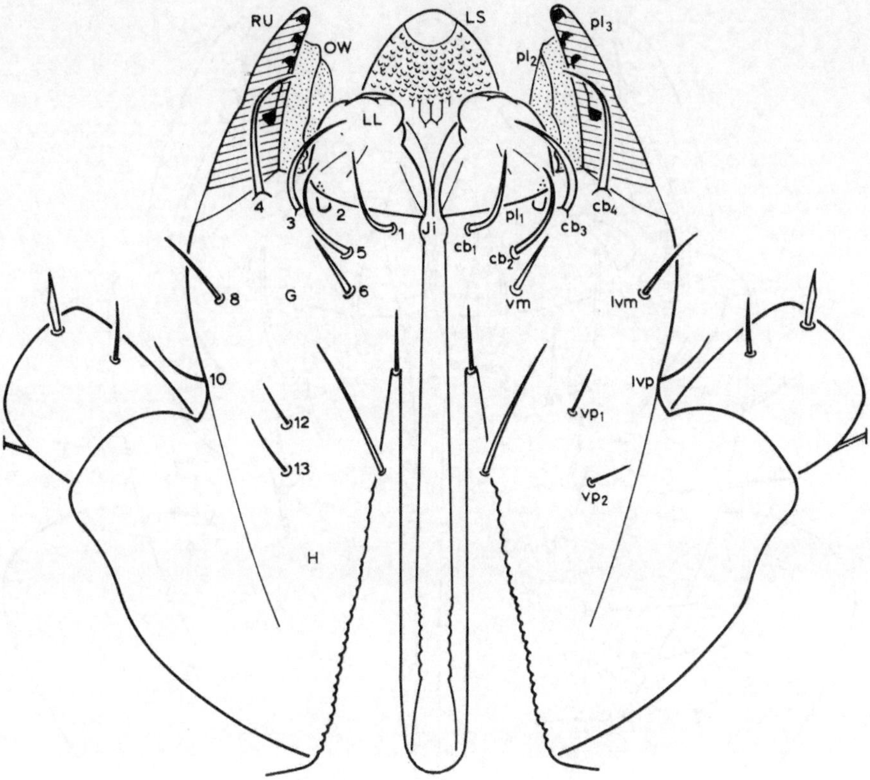

Fig. 15. *Opilioacarus texanus* (Chamberlin & Mulaik), femelle; infracapitulum et sternapophyses, vus ventralement; $\times 370$ (d'après van der Hammen, 1966).

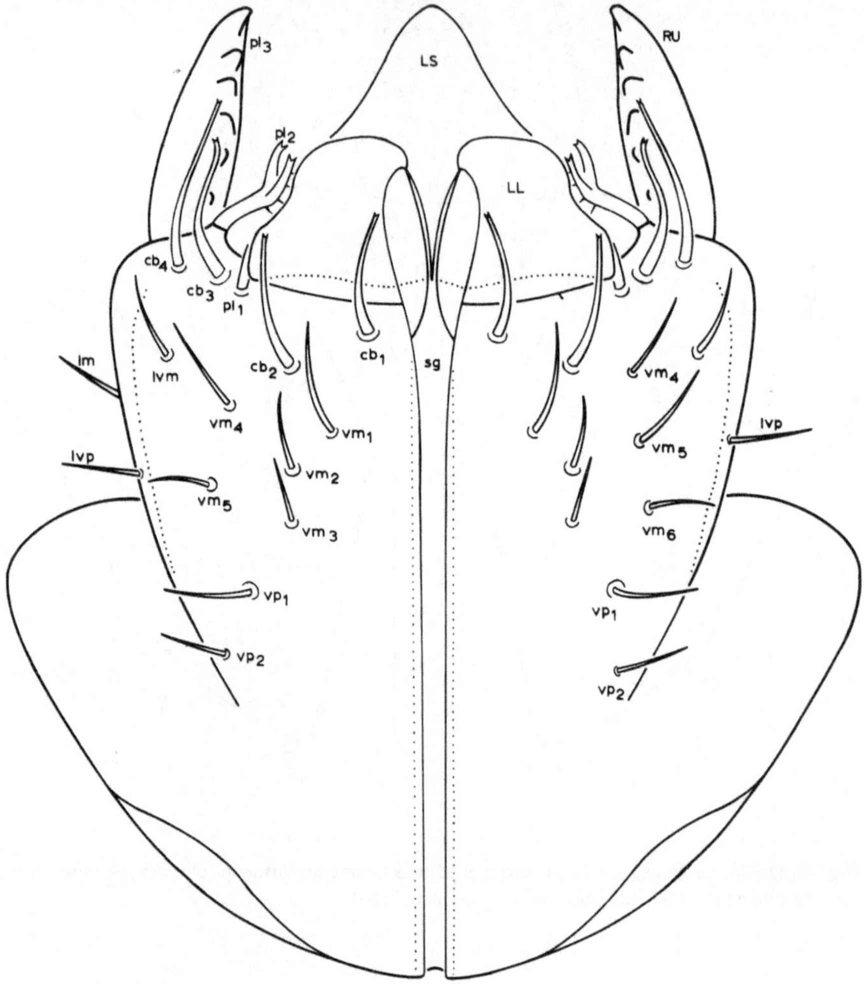

Fig. 16. *Paracarus hexophthalmus* (Redikorzev), femelle; infracapitulum en orientation ventrale; × 335 (d'après van der Hammen, 1968a).

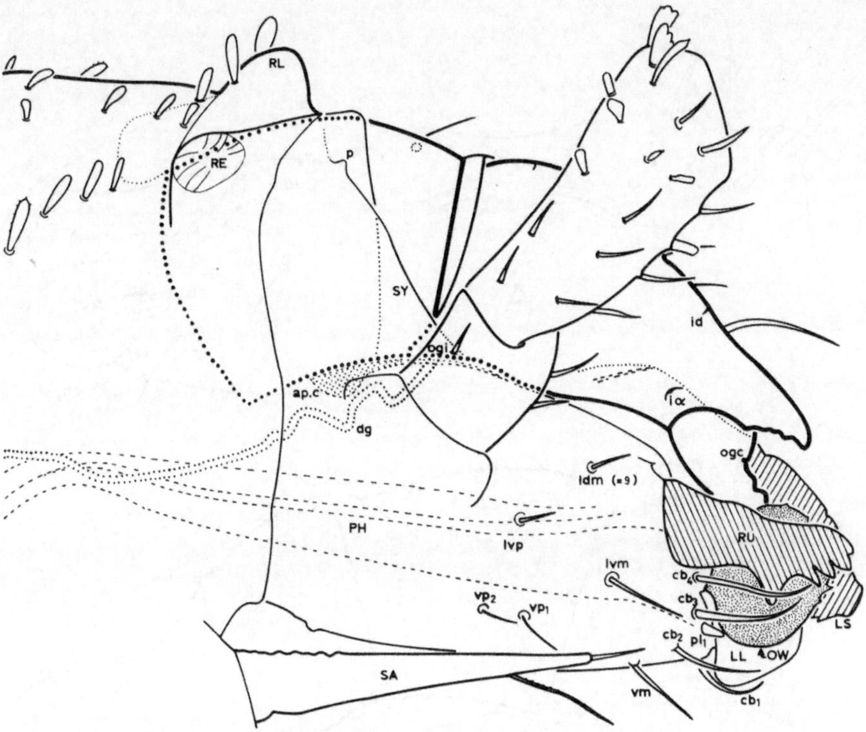

Fig. 17. *Opilioacarus texanus* (Chamberlin & Mulaik), femelle; gnathosoma et région antérieure de l'idiosoma, en orientation latérale; × 300 (d'après van der Hammen, 1966).

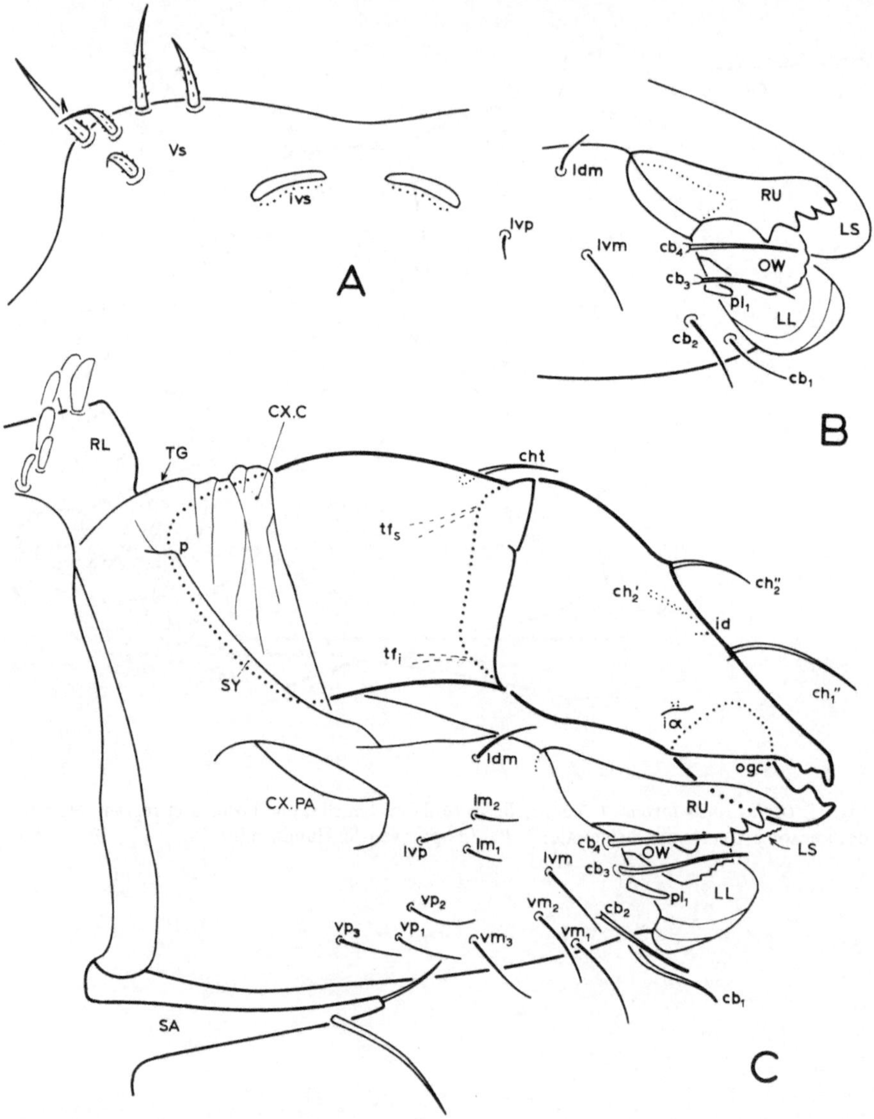

Fig. 18. *Opilioacarus platensis* Silvestri; A, verrue sternale d'une femelle adulte; B, région antérieure de l'infracapitulum d'une deutonymphe, en orientation latérale; C, gnathosoma d'une femelle adulte, vu latéralement; A, B, $\times 370$; C, $\times 235$ (d'après van der Hammen, 1969a).

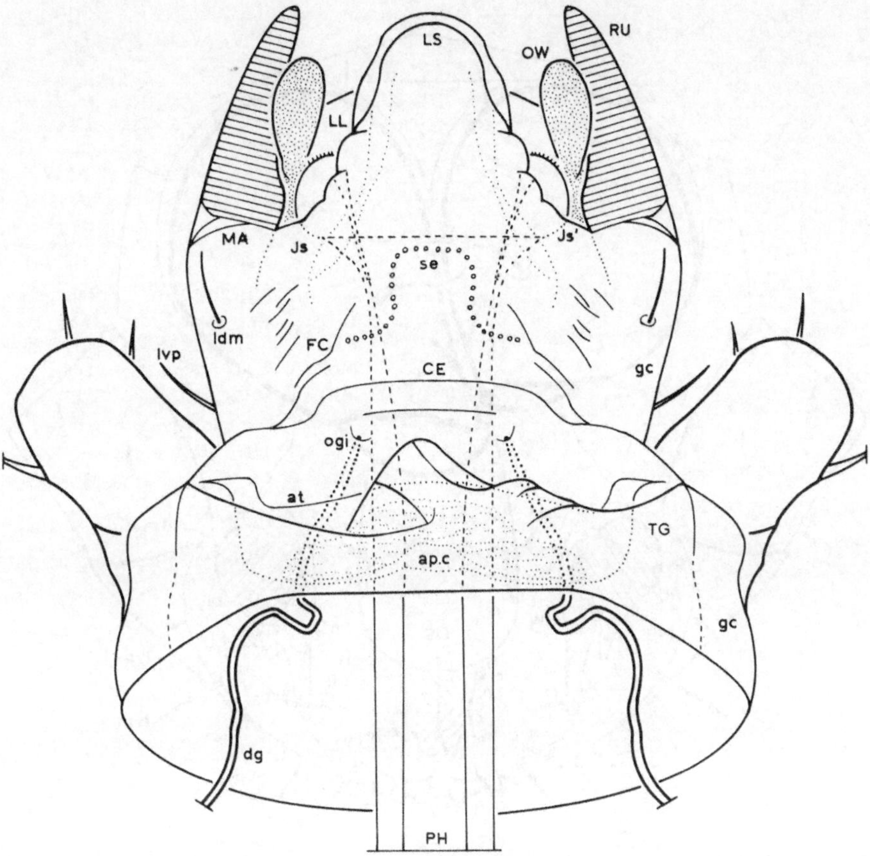

Fig. 19. *Opilioacarus texanus* (Chamberlin & Mulaik), femelle; gnathosoma sans chélicères, en orientation dorsale; × 370 (d'après van der Hammen, 1966).

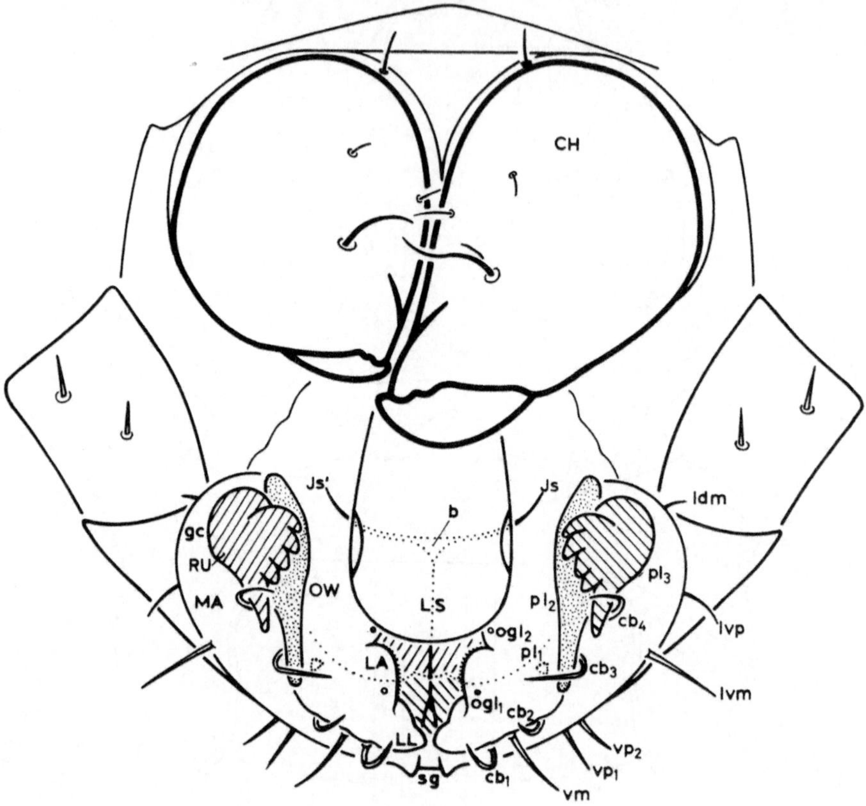

Fig. 20. *Opilioacarus texanus* (Chamberlin & Mulaik), femelle; gnathosoma vu de l'avant; ×410 (d'après van der Hammen, 1966).

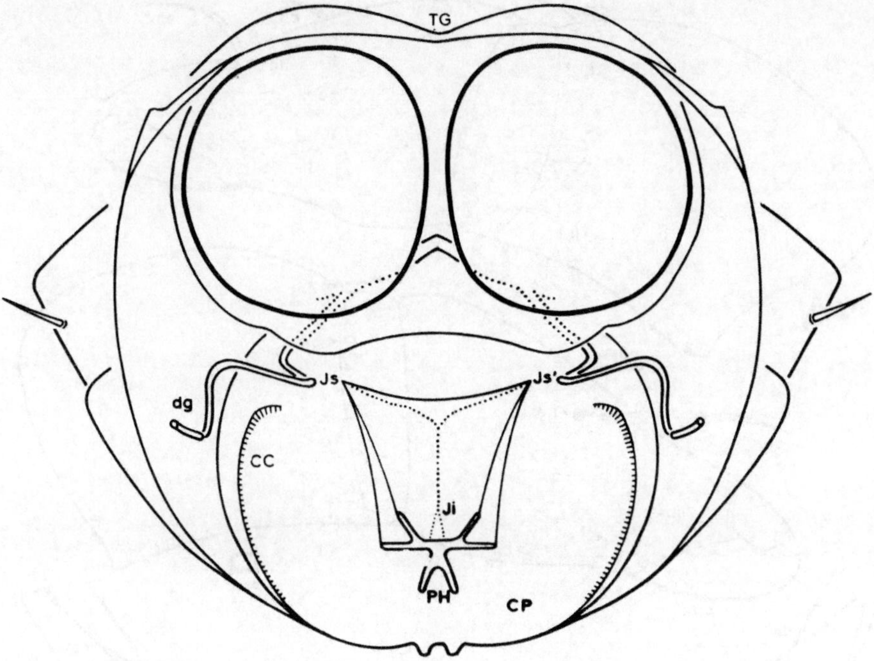

Fig. 21. *Opilioacarus texanus* (Chamberlin & Mulaik), femelle; gnathosoma vu de l'arrière; × 385 (d'après van der Hammen, 1966).

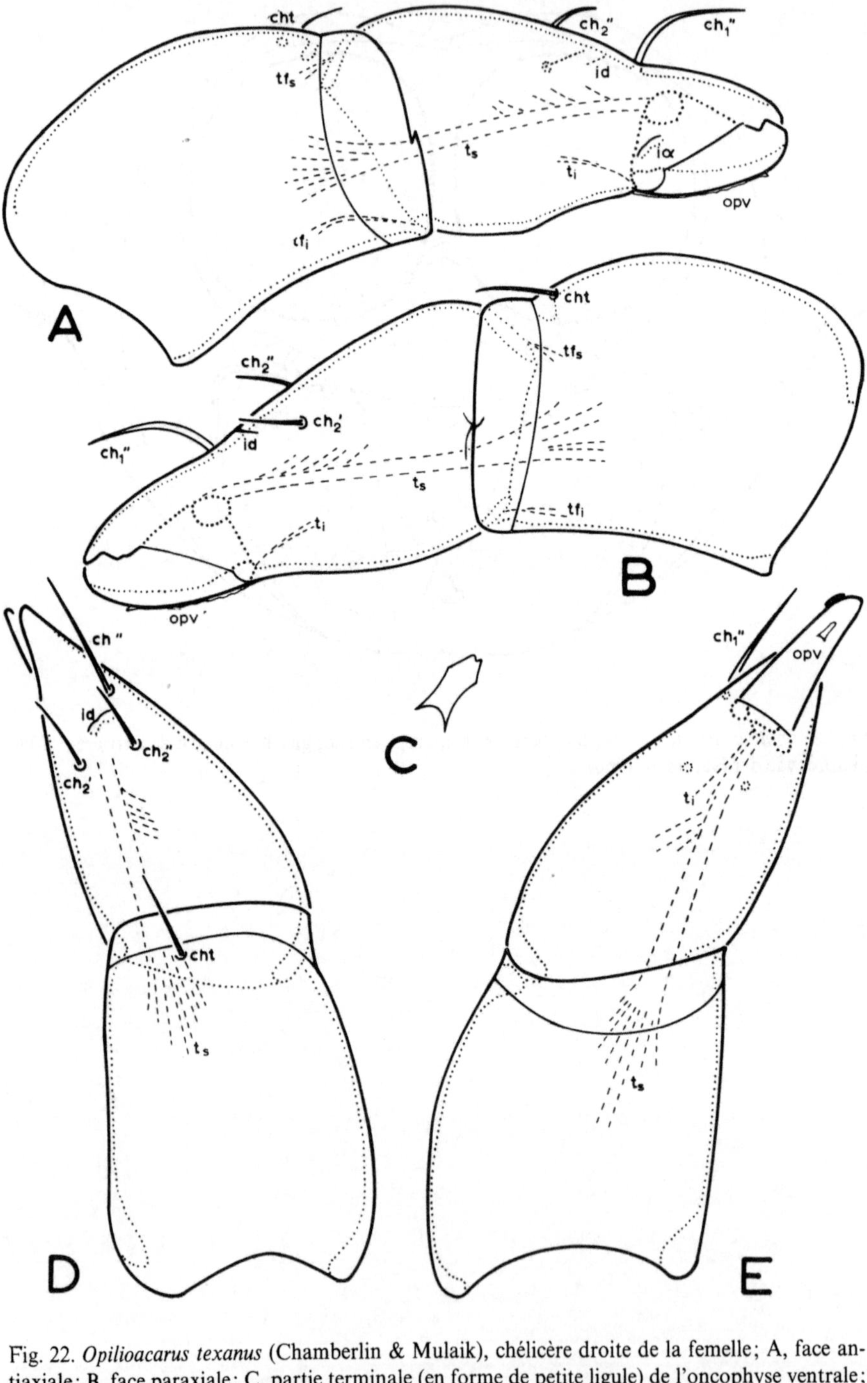

Fig. 22. *Opilioacarus texanus* (Chamberlin & Mulaik), chélicère droite de la femelle; A, face antiaxiale; B, face paraxiale; C, partie terminale (en forme de petite ligule) de l'oncophyse ventrale; D, face dorsale; E, face ventrale; A–B, D–E, ×370; C, ×1315 (d'après van der Hammen, 1966).

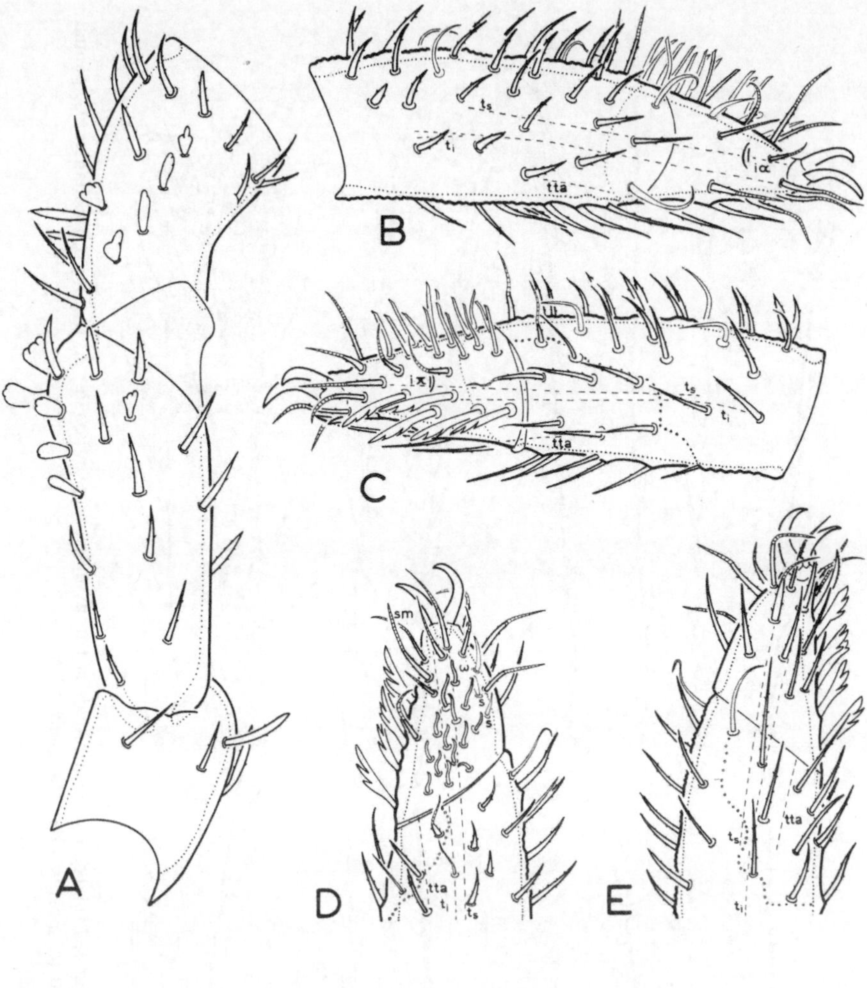

Fig. 23. *Opilioacarus texanus* (Chamberlin & Mulaik), palpe droit du mâle; A, trochanter, fémur et génual, face antiaxiale; B, tibia, tarse et apotèle, face antiaxiale; C, tibia, tarse et apotèle, face paraxiale; D, partie terminale du palpe, en orientation dorsale; E, partie terminale du palpe, en orientation ventrale; A–E, × 295 (d'après van der Hammen, 1966).

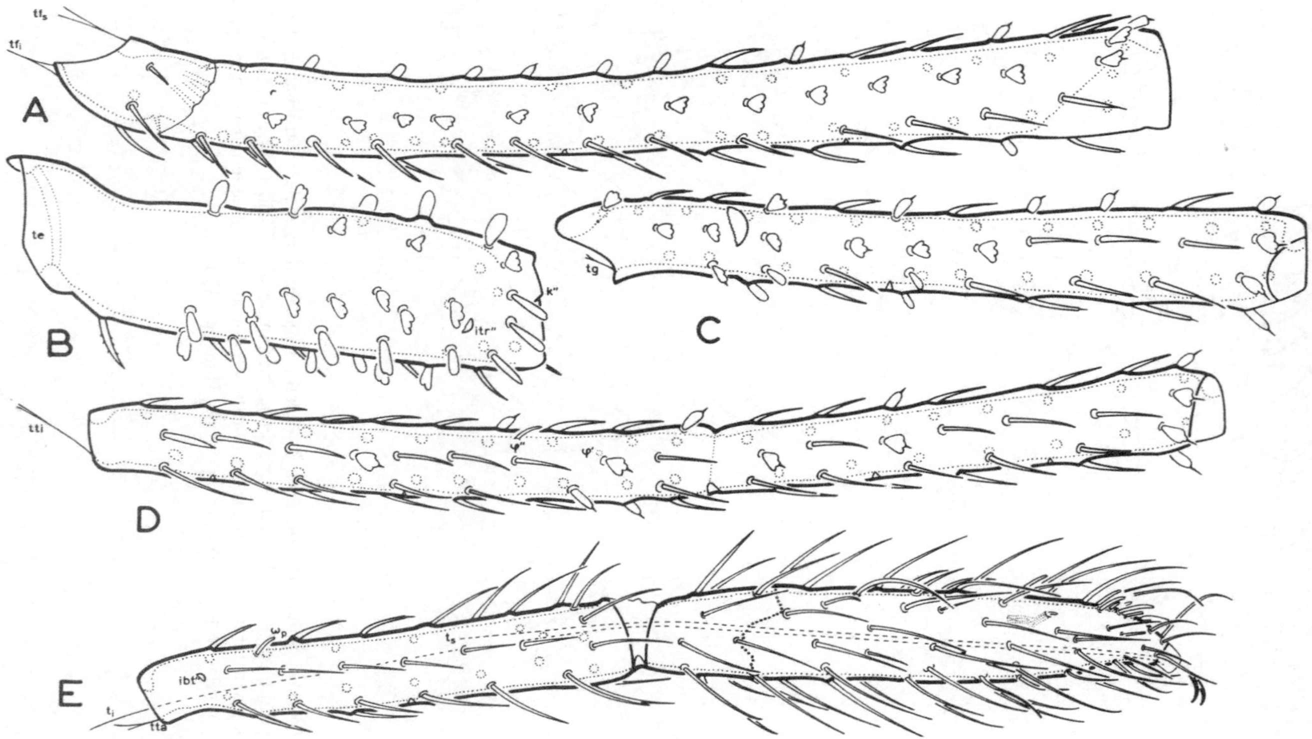

Fig. 24. *Opilioacarus texanus* (Chamberlin & Mulaik), patte I droite de la tritonymphe, face antiaxiale; A, fémur; B, trochanter; C, génual; D, tibia; E, tarse et apotèle; A–E, ×270 (d'après van der Hammen, 1966).

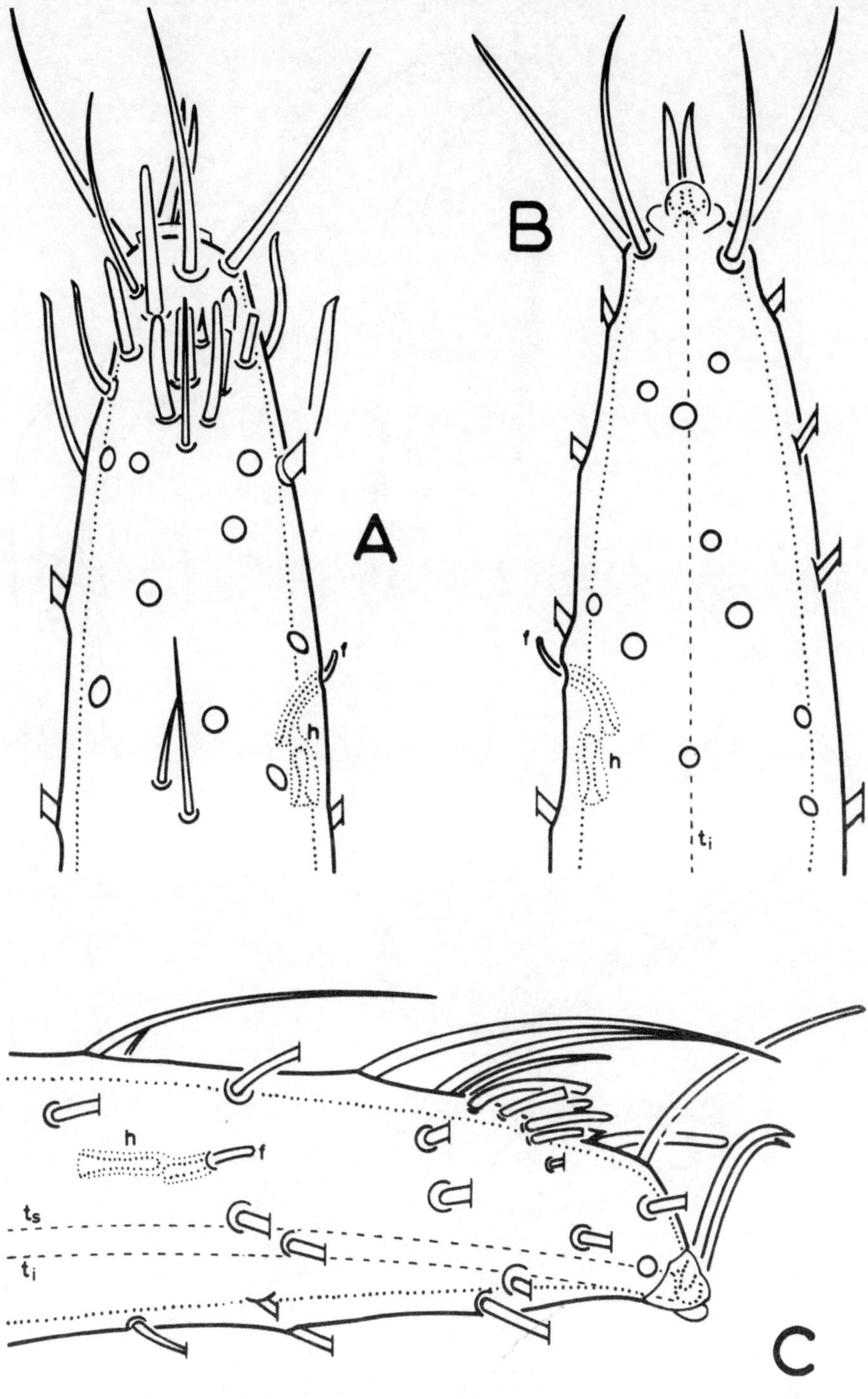

Fig. 25. *Opilioacarus texanus* (Chamberlin & Mulaik), femelle; partie terminale de la patte I (région distale du télotarse, et ambulacre): A, face dorsale; B, face ventrale; C, face antiaxiale; A–C, × 950 (d'après van der Hammen, 1966).

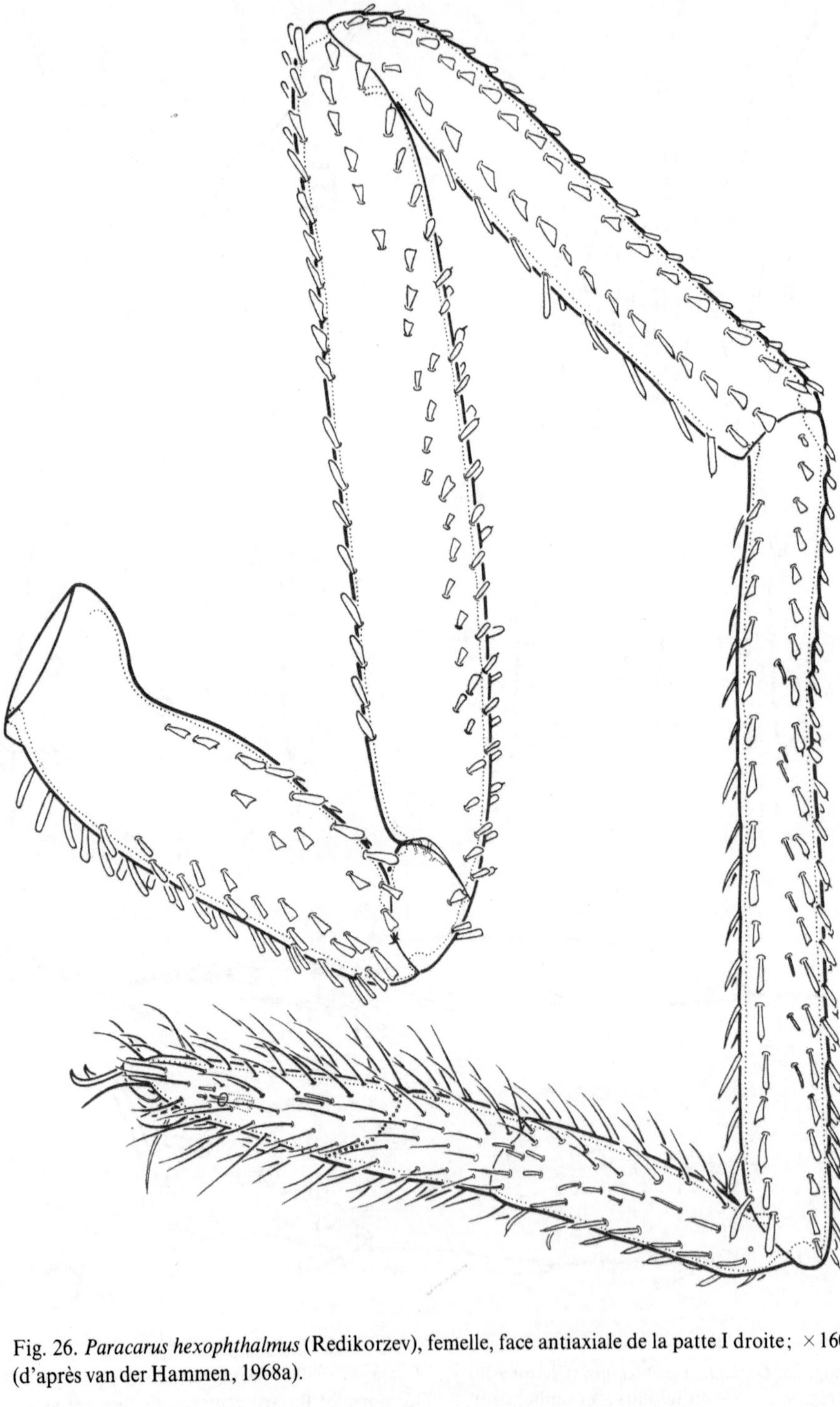

Fig. 26. *Paracarus hexophthalmus* (Redikorzev), femelle, face antiaxiale de la patte I droite; ×160 (d'après van der Hammen, 1968a).

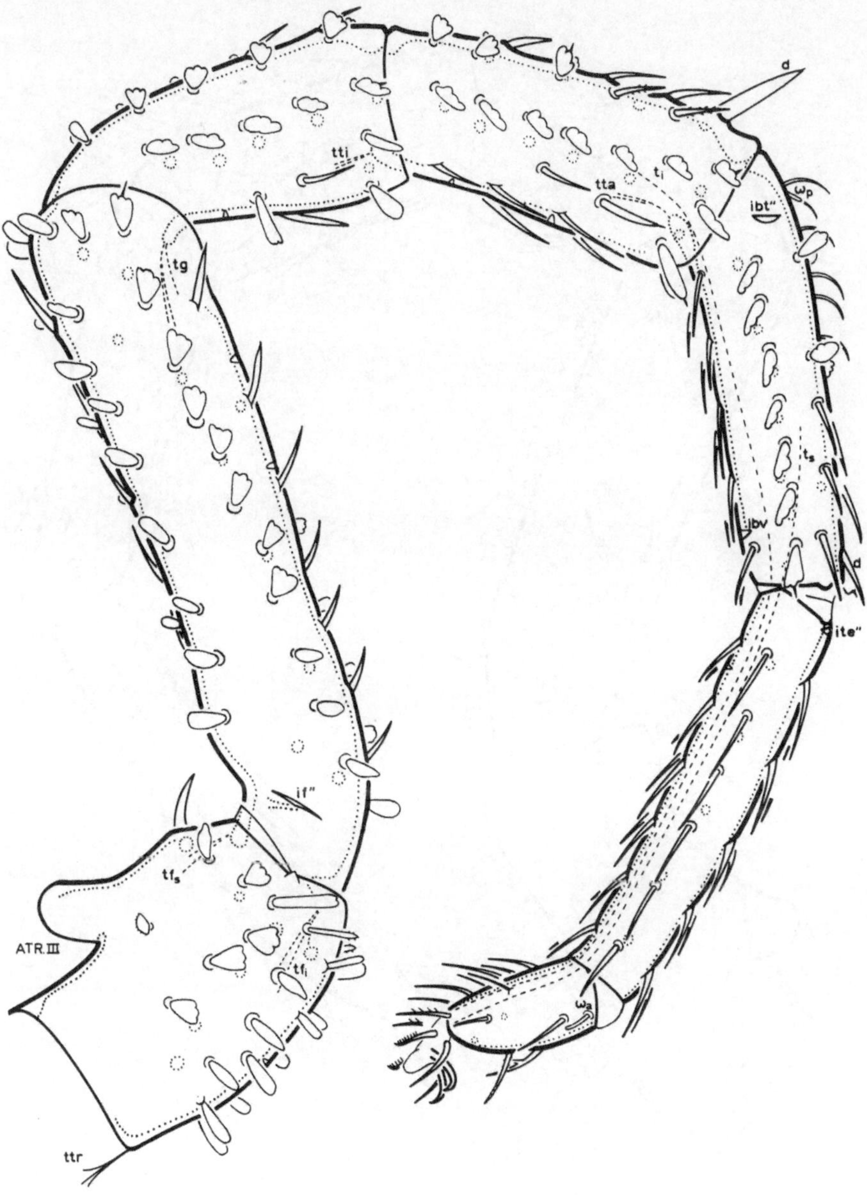

Fig. 27. *Opilioacarus texanus* (Chamberlin & Mulaik), tritonymphe; face antiaxiale de la patte II droite; × 330 (d'après van der Hammen, 1966).

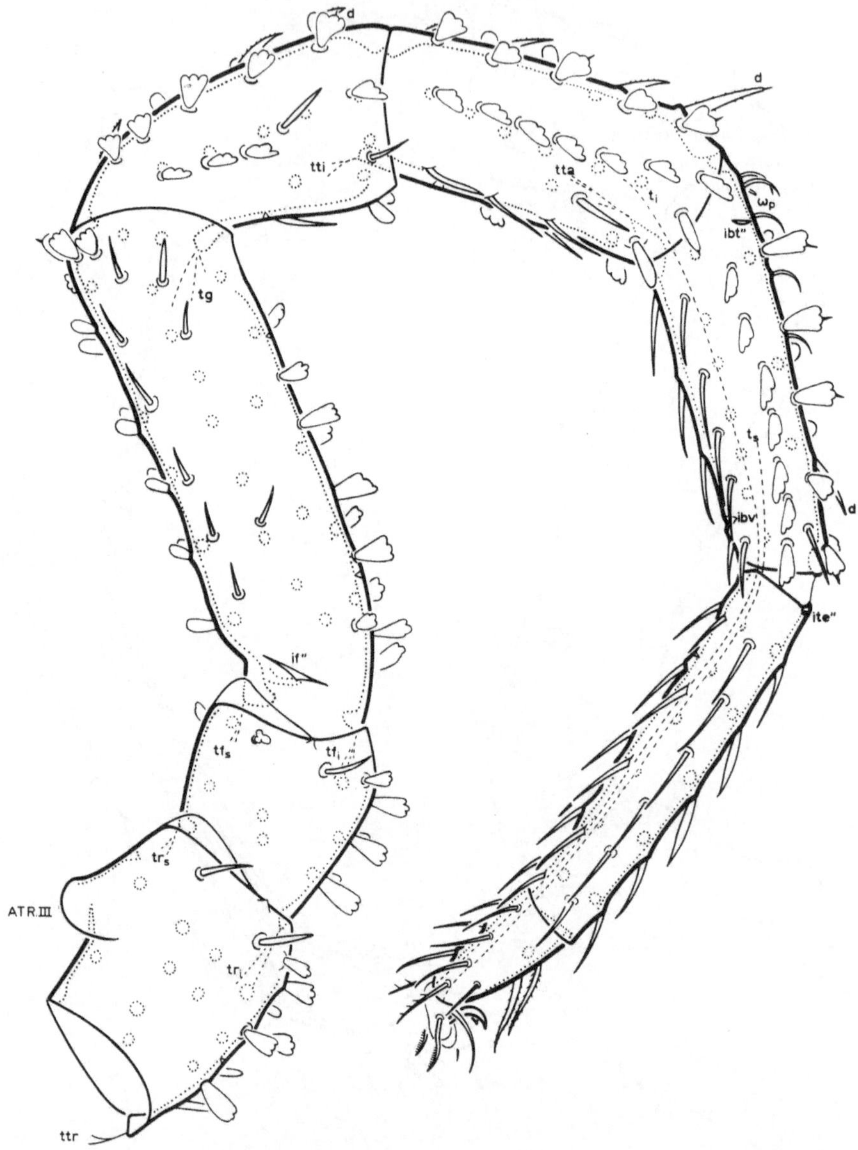

Fig. 28. *Opilioacarus texanus* (Chamberlin & Mulaik), tritonymphe; face paraxiale de la patte III droite; ×320 (d'après van der Hammen, 1966).

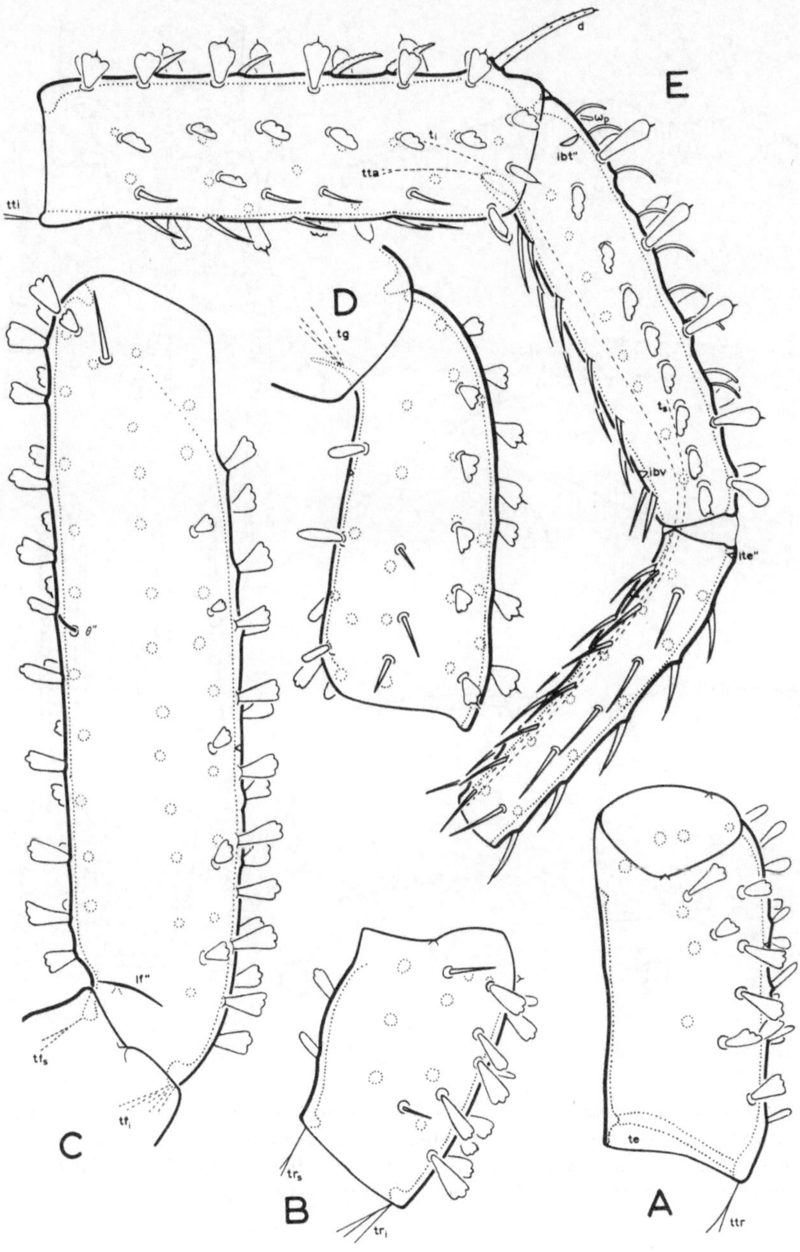

Fig. 29. *Opilioacarus texanus* (Chamberlin & Mulaik), tritonymphe; face paraxiale de la patte IV droite (acrotarse et ambulacre omis); A, trochanter 1; B, trochanter 2; C, partie distale du trochanter 2, et fémur; D, partie distale du fémur, et génual; E, tibia, basitarse et télotarse; A–E, × 265 (d'après van der Hammen, 1966).

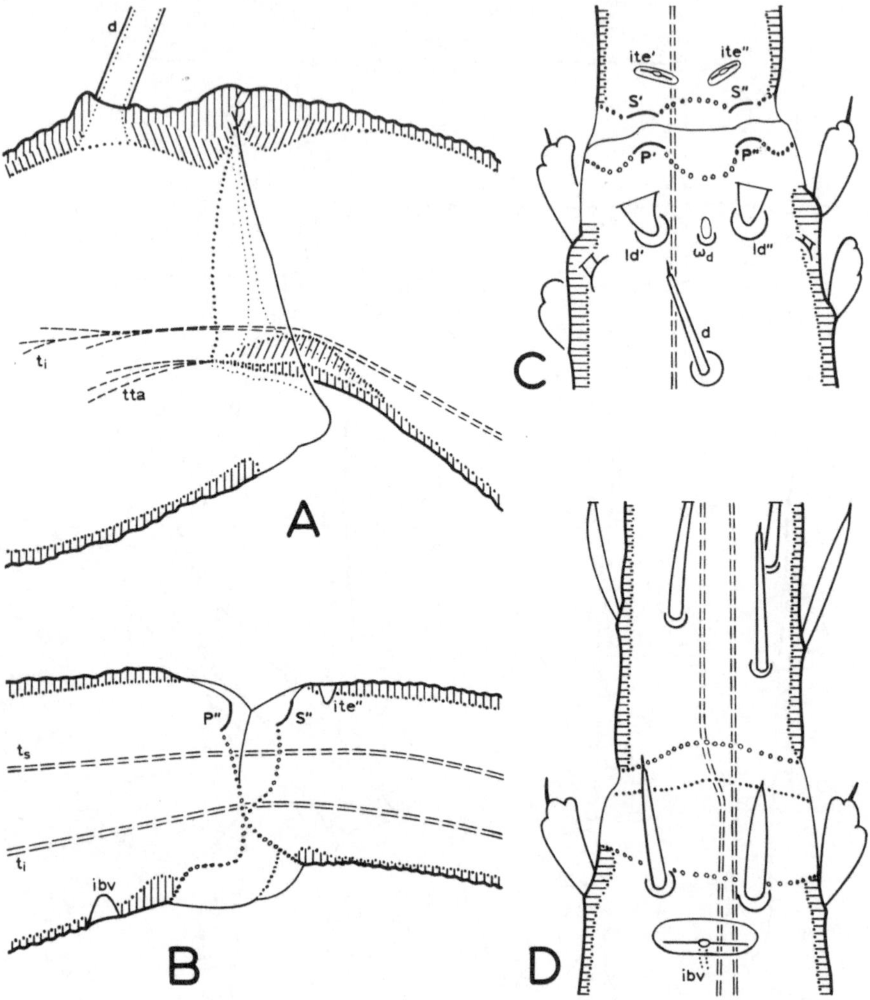

Fig. 30. *Opilioacarus texanus* (Chamberlin & Mulaik); A, face paraxiale de l'articulation tibia/basitarse de la patte IV droite d'une tritonymphe (tous les poils omis, sauf le poil *d* du tibia); B–D, articulation basitarse/télotarse de la patte III d'une femelle; B, face paraxiale (poils omis); C, face dorsale; D, face ventrale; A–D, × 710 (d'après van der Hammen, 1966).

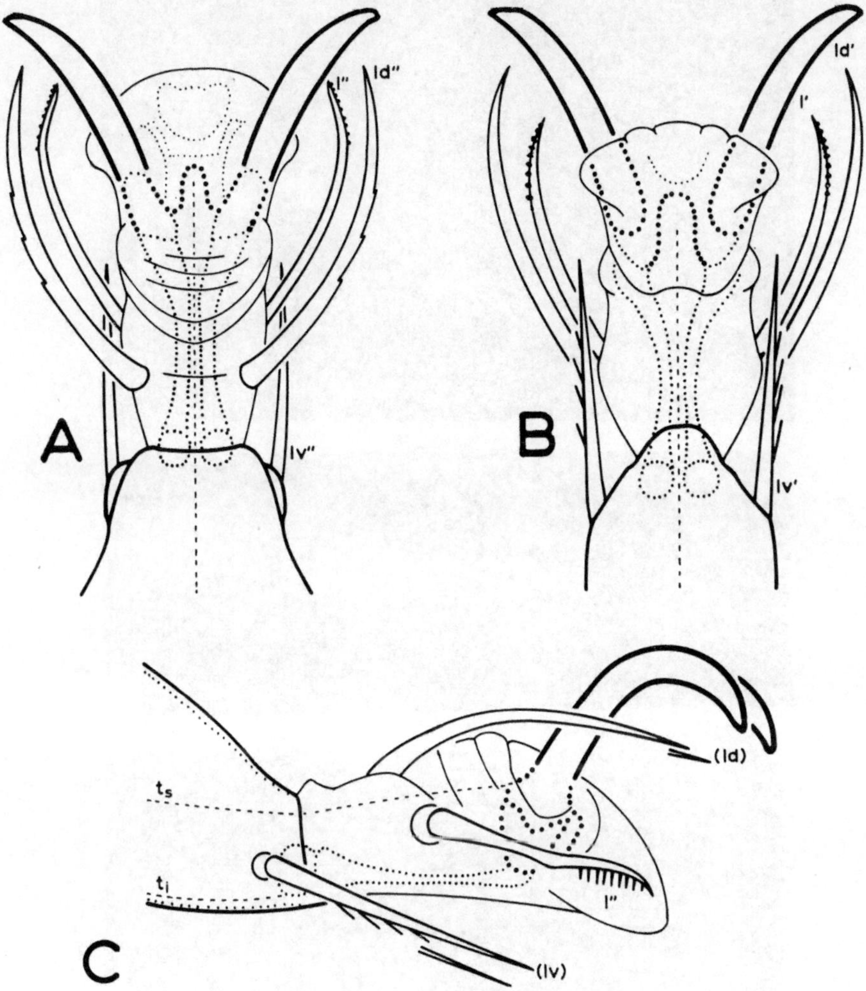

Fig. 31. *Opilioacarus texanus* (Chamberlin & Mulaik), femelle; ambulacre et région distale de l'acrotarse de la patte III droite; A, face dorsale; B, face ventrale; C, face paraxiale; A–C, ×1530 (d'après van der Hammen, 1966).

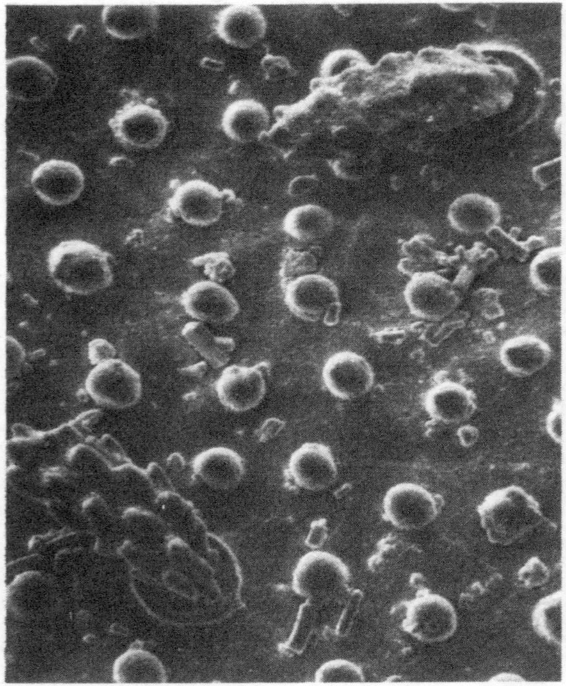

1

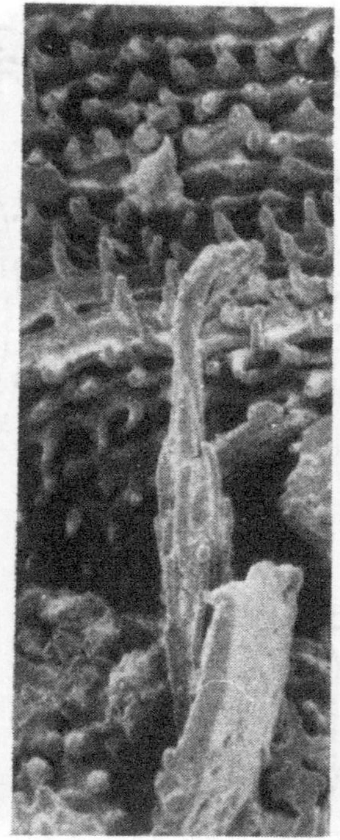

2

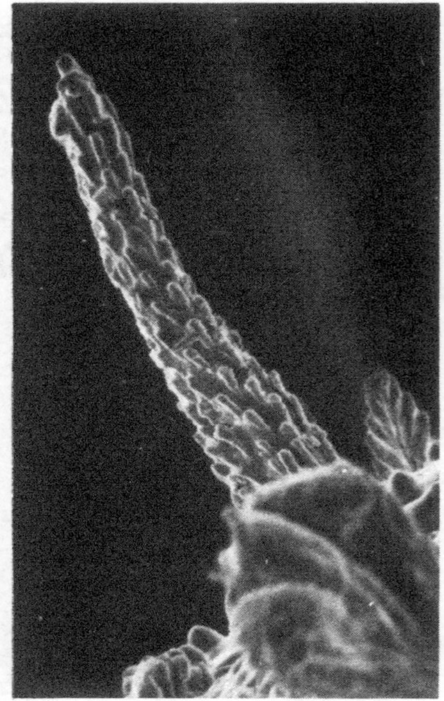

3

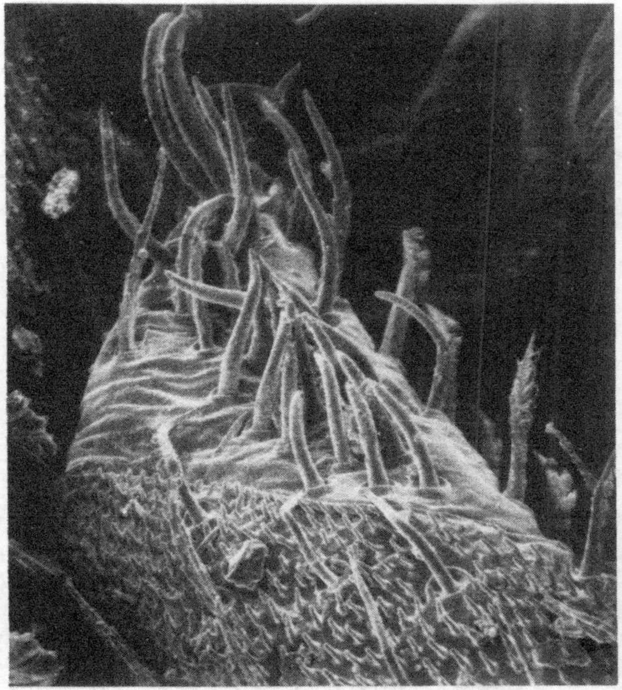
4

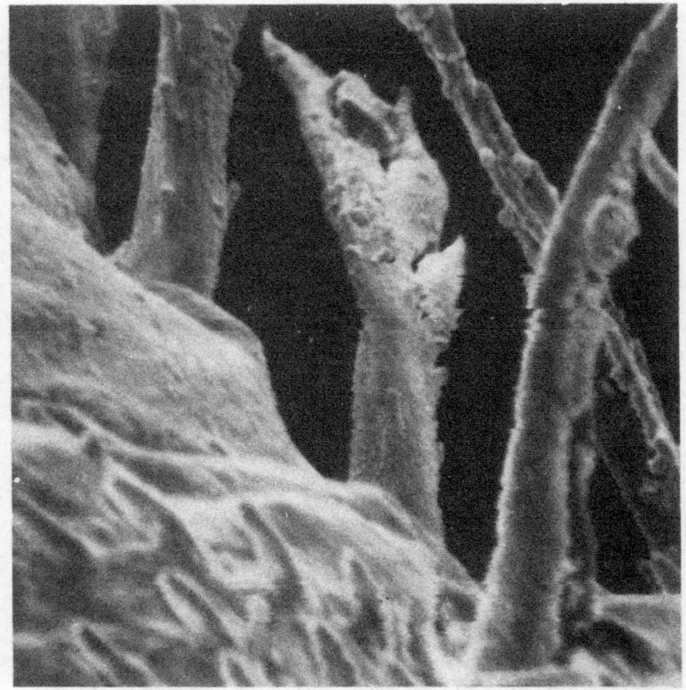
5

Pl. I. *Opilioacarus segmentatus* With. Fig. 1, microsculpture coniculée du prodorsum, avec deux poils papilliformes. Fig. 2, poil composite *pvg* de la verrue génitale. Fig. 3, grand poil mucroné *d* de l'extrémité distale du tibia II. Fig. 4, partie terminale du palpe gauche, en orientation dorsale, avec le champ dorsal de poils creux et les poils paraxiaux en feuille. Fig. 5, détail de la fig. 4, avec un des poils en feuille, plus grossi, Figs. 1–3, × 1700; fig. 4, × 850; fig. 5, × 4250. (Micrographies réalisées au microscope electronique à balayage).

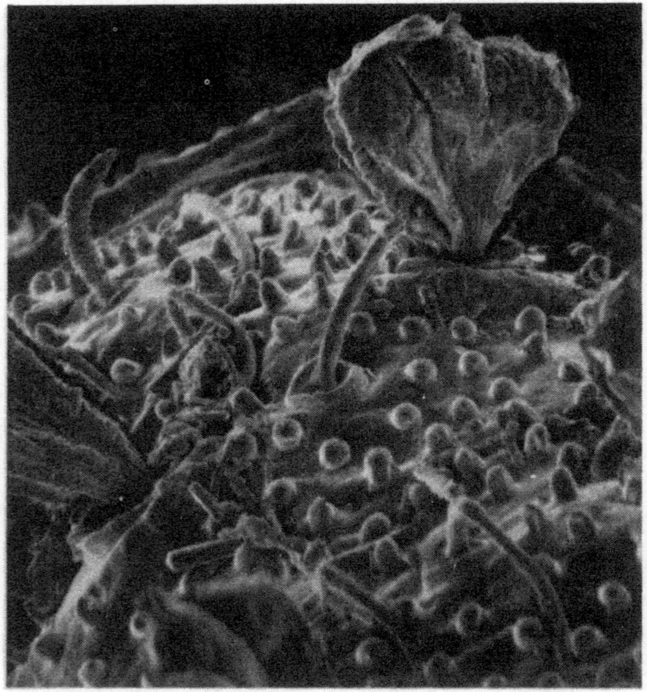

1

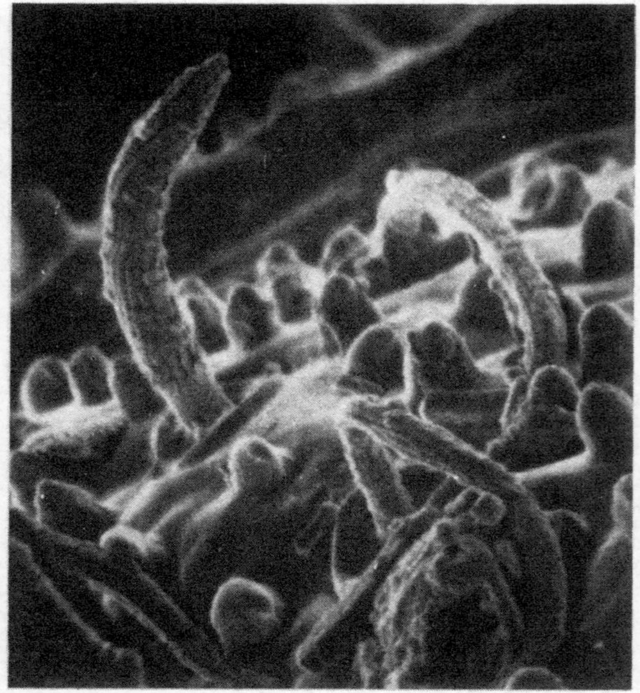

2

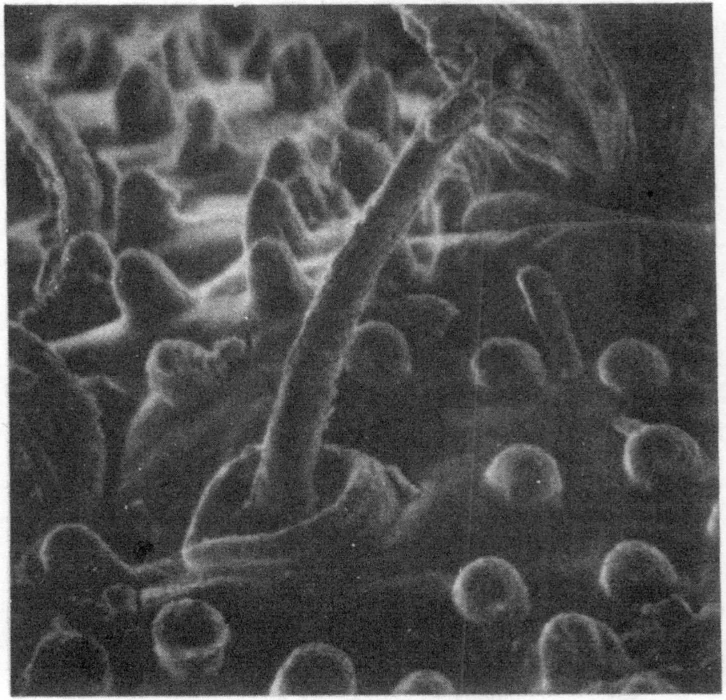

3

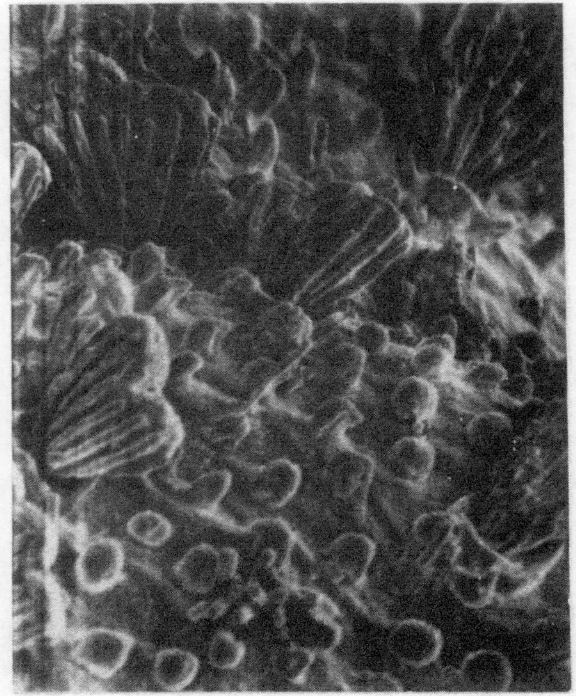

4

Pl. II. *Opilioacarus segmentatus* With. Fig. 1, vue dorsale de la partie proximale du basitarse II, avec un solénidion, plusieurs coronidions et des poils papilliformes. Fig. 2, détail de la fig. 1, avec le solénidion ωp. Fig. 3, détail de la fig. 1, avec un coronidion. Fig. 4, génual II avec des poils papilliformes aplatis (présentant des nervures). Figs. 1 et 4, × 1700; figs. 2–3, × 4250. (Micrographies réalisées au microscope électronique à balayage).

1

2

3

4

Pl. III. Les opilioacarologues (1). Fig. 1, Carl Johannes With (1877–1923). Fig. 2, Filippo Silvestri (1873–1949). Fig. 3, François Grandjean (1882–1975). Fig. 4, Vladimir Vladimirovich Redikorzev (1873–1942).

1

2

3

4

Pl. IV. Les opilioacarolugues (2). Fig. 1, Marc André (1900–1966). Fig. 2, Michel-Henri Naudo (né en 1937). Fig. 3, Leendert van der Hammen (né en 1921). Fig. 4, Paolo Marcello Brignoli (né en 1942).

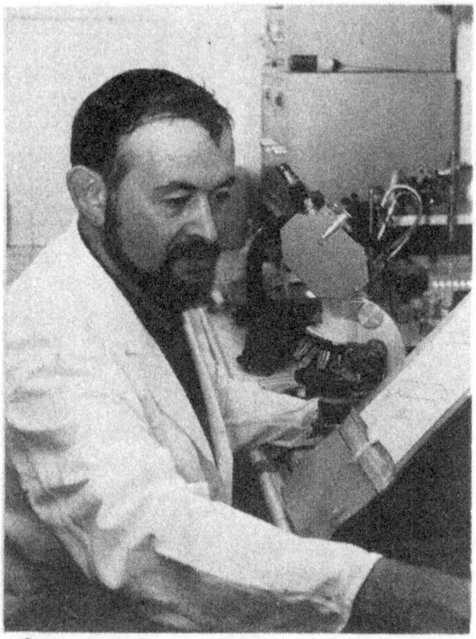

1

2

3

4

Pl. V. Les opilioacarologues (3). Fig. 1, Yves Coineau (né en 1934). Fig. 2, Roland Legendre (né en 1926). Fig. 3, Ilinca Juvara-Bals. Fig. 4, Mioara Baltac.

GPSR Compliance

The European Union's (EU) General Product Safety Regulation (GPSR) is a set of rules that requires consumer products to be safe and our obligations to ensure this.

If you have any concerns about our products, you can contact us on ProductSafety@springernature.com

In case Publisher is established outside the EU, the EU authorized representative is:

Springer Nature Customer Service Center GmbH
Europaplatz 3
69115 Heidelberg, Germany

Batch number: 10620163

Printed by Printforce, the Netherlands